松饼机的百变料理

周景尧　郭品岑　著

海峡出版发行集团
THE STRAITS PUBLISHING & DISTRIBUTING GROUP ｜ 福建科学技术出版社
FUJIAN SCIENCE & TECHNOLOGY PUBLISHING HOUSE

作者简介

周景尧 Andy Chou

现职

❖ 经国管理暨健康学院餐旅管理系副教授暨系主任

❖ 台湾师范大学兼任教师授课西餐烹调

❖ 台湾白帽厨师协会理事

学历

❖ 中国文化大学生活应用科学系所硕士毕业

❖ 加拿大乔治布朗学院厨艺管理科系毕业

经历

❖ 台北远东国际大饭店西厨主厨

❖ 台北国际希尔顿大饭店副主厨

❖ 台北实践大学推广中心西餐烹调教师／兼任技术教师授课法国料理

❖ 桃园育达高中专任技术教师

郭品岑

现职

❖ 经国管理暨健康学院餐旅管理系讲师

❖ 基隆海事职业学校烘焙科兼任讲师

❖ 基隆安乐国中技职兼任教师

❖ 台湾职训局烘焙讲师

❖ 个人工作室幸福果子工坊

获奖纪录

❖ 2009 年台湾区 UIPCG 巧克力竞赛选拔第三名

❖ 2011 年好菇道简易创作料理第一名

❖ 2016 年亚洲料理团队挑战赛团体组第二名

❖ 台湾北区技能竞赛第一名

❖ 全台技能竞赛第三名

序

维多利亚式的贵族生活模式，总是扣人心弦的。以印象画派里的阳光与色彩为背景，人物优雅而时尚，谈天说地的思维自由畅快地流动，手中握着英式的骨瓷茶杯，啜饮着来自印度或荷兰的琥珀色红茶，点心成为情感交流里重要的话资，贵气与悠闲画上了等号。

脍炙人口的英国下午茶（Afternoon Tea），以调制一壶好的红茶，配上"三层架点心"为基调。下层架的点心，以精巧可口的三明治与口味偏咸的点心为主；中层架的点心，放置的是司康饼（scone），搭配果酱及黄油，是道地英国传统点心；上层架的点心，则放置的是各式艺心独具的甜点及糕饼。享受英式下午茶的精致美食，让人感觉在口腹与精神之间，回荡着游戏般的闲情逸趣。

在现代人的休闲生活里，饭店中自助餐式的下午茶（High Tea）亦受大众喜欢，包含各国不同热食点心及精致可口甜点蛋糕，品目繁多，让你大饱口福。

现在，享受下午茶的点心趣味，只要一台松饼机就可以办到了，无论是准备早餐、午餐、午茶、晚餐或宵夜，都能参考本书制作出总数多达108道的美味料理，总共包含了14个种类：米饭团、轻食小点、三明治、沙拉、烘蛋、松饼烧、煎/烤饼、饼干、蛋糕、慕斯、松饼、塔类、甜甜圈及起酥类。

我们制作团队整整用了一年多的时间，针对市售不同的松饼机及多样的模具*，规划出适合料理的松饼机点心，以营养、卫生、美味为前提，用创意、流行及简单的方法来完成本书，使读者能与家人朋友，享受携手创作松饼机料理的乐趣，分享亲手带来的美好时光。

悠闲与贵气不需要到高贵饭店才能享有，不论是中产阶级还是小资的男男女女，或是学生、上班族，任何时间都可以为自己创造，属于自己的、维多利亚式的社交生活。

编者注：* 书中料理款使用的模具，读者有时可根据自己的情况灵活更换。编者在一些地方给出了更多的模具选择建议，采用橙色字标出。

目录

说明：蓝色页码的是咸款，红色页码的是甜款。

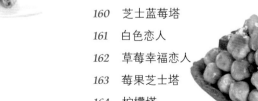

松饼的基本做法

基本款松饼

材料

- 低筋面粉 130g
- 全蛋 1 个
- 牛奶 50g

- 泡打粉 8g（或速发酵母粉 2g）
- 无盐黄油 30g
- 细砂糖 15g

做法

❶ 将过筛好的低筋面粉、速发酵母、细砂糖放入钢盆，加入全蛋、牛奶搅拌均匀（图1）。

❷ 无盐黄油退冰后切成小块，投入做法1，一起搅拌均匀至面糊状，盖上保鲜膜发酵1小时（图2）。

❸ 将面糊挤入或用冰淇淋勺挖1勺置入烤模至七分满（图3），盖上松饼机，扣上锁扣（图4），煎烤7～8分钟即可。

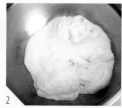

1　　　　2　　　　3　　　　4

甜甜圈松饼

做法

倒入面糊（图1），停20秒后，扣上锁扣（图2），将机器翻面静置60秒（图3），再翻回正面，煎烤4~5分钟即可。

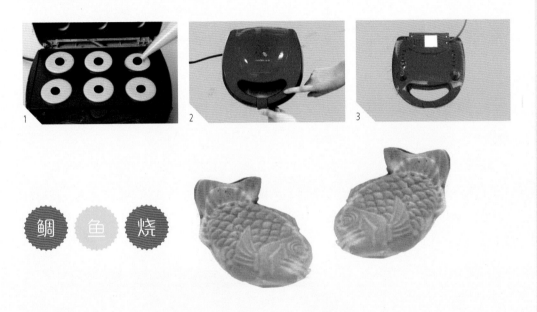

鲷鱼烧

做法

倒入面糊（图1），停20秒，扣上锁扣（图2），将机器翻面静置60秒（图3），再翻回正面，煎烤4~5分钟即可。

基本面糊调制

一、松饼粉面糊

　　松饼粉加其他食材混合调成松饼面糊，不同品牌的松饼粉配方可能不太一样，请依照各品牌的包装标示来调制。（本书中使用的松饼粉都是食伯乐牌，大陆读者可选用其他品牌）。

材料

- 松饼粉（食伯乐牌）200g
- 牛奶或水 **150g**
- 蛋 1.5 颗（**75g**）

做法

❶ 将牛奶、水及全蛋先拌匀。

❷ 加入松饼粉，以打蛋器拌匀，即为面糊。

❸ 将适量面糊倒入松饼机中，煎烤 2~4 分钟即可。

二、自制松饼面糊

材料

- 低筋面粉（过筛）100g
- 泡打粉 8g
  （或速发酵母粉 2g）
- 全蛋 **2 颗**
- 无盐黄油 30g
- 牛奶 50g
- 细砂糖 10g

做法

将所有材料混合，使用搅拌器或手动搅拌调成面糊状，在常温（室温）下静置发酵 2 ～ 3 小时即完成。最后将面糊注入烤模煎烤。

1　　2　　3

建议使用软质好挤压的瓶装容器，更容易将面糊挤入烤模。烘焙材料店都买得到哦！

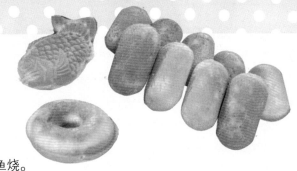

三、鸡蛋糕面糊

这款面糊可以使用于甜甜圈跟鲷鱼烧。

材料

- 糖粉 100g
- 鸡蛋 3 颗
- 牛奶 50g
- 低筋面粉（过筛）200g
- 泡打粉 6g
- 无盐黄油 200g

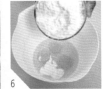

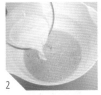

做法

❶ 将蛋、糖粉（图 1）、牛奶（图 2）、低筋面粉、泡打粉（图 3）拌匀（图 4），备用。

❷ 无盐黄油（图 5）煮熔化至沸腾（图 6），放冷。

❸ 将黄油加入做法 1，拌匀（图 7）。

❹ 使用搅拌器或手动搅拌成面糊状，注入烤模（图 8），阖上松饼机盖（图 9），煎烤即完成（图 10）。

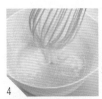

沙拉

烟熏三文鱼沙拉松饼

材料

- 烟熏三文鱼 4 片
- 松饼面糊 120g
- 洋葱圈 40g
- 洋葱碎 50g
- 双孢菇片 100g
- 水煮蛋片 2 个
- 生菜片 4 片
- 酸豆 5g
- 欧芹碎 3g
- 黄油 5g
- 白酒 5g
- 盐、白胡椒粉共 2g
- 柠檬角 2 个

 建议煎烤 5 ~ 6 分钟

 做法

1 将洋葱碎与双孢菇片以黄油炒香，并用白酒、盐、胡椒调味备用（图 1）。

2 将松饼面糊均匀倒入松饼机中，烘烤 5~6 分钟至金黄上色，涂上黄油（图 2）。

3 依序放上生菜、双孢菇片及蛋片（图 3）。

4 再放上烟熏三文鱼片、洋葱圈及酸豆，撒上欧芹碎（图 4）。

5 排盘，可附上柠檬角（图 5）。

海鲜沙拉青酱松饼

材料

- 松饼面糊 150g
- 草虾 6 只
- 鱿鱼 120g
- 三文鱼片 120g
- 生菜 4 片
- 番茄 4 片

 青酱

- 罗勒叶 25g · 蒜头 10g · 松子 5g
- 橄榄油 1/2 杯 · 芝士粉 20g

柠檬酱汁

- 柠檬汁 20g · 橄榄油 60g · 洋葱碎 5g
- 蒜头碎 5g · 罗勒叶 3g

建议煎烤 5～6 分钟

 做法

1. 将柠檬酱汁的材料搅拌均匀备用（图 1）。

2. 将草虾、鱿鱼及三文鱼片烫熟（图 2），冰镇后拌入柠檬酱汁腌 15 分钟（图 3），以后捞出作为海鲜沙拉。

3. 将青酱的材料放入果汁机打成青酱（图 4），取 15g 青酱拌入松饼面糊搅拌均匀（图 5）。

4. 倒入格子模具中（图 6），扣上盖子，烘烤 5~6 分钟，即为青酱松饼。

5. 最后将青酱松饼盛盘，放上生菜及番茄，再放上海鲜沙拉（图 7），附上柠檬酱汁即可。

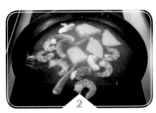
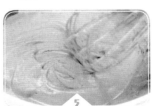

意式烤甜椒沙拉

 材料

- 红、黄甜椒各 1/2 颗
- 紫洋葱 1/4 颗
- 蒜头片 1 颗
- 小红番茄 4 颗
- 小黄番茄 4 颗
- 黑橄榄 4 颗
- 迷迭香 2g
- 松子 3g
- 芝士粉 5g
- 牛至叶碎 2g
- 白酒 1 大匙
- 橄榄油 3 大匙
- 盐、白胡椒粉适量

 建议煎烤 9 ~ 10 分钟

 做法

1 将甜椒切成条状，紫洋葱切丝；小红番茄、小黄番茄、黑橄榄对切。

2 白酒、迷迭香、牛至叶碎、橄榄油、盐及胡椒均匀打散。

3 加入做法 1 腌制 10 分钟。

4 放入横纹模具或平盘中，烘烤 9~10 分钟，待凉。

5 排盘后，撒上松子及芝士粉即可。

鲜虾蛋沙拉握寿司松饼

 材料

- 松饼面糊 120g
- 草虾 6 只
- 水煮蛋 4 个
- 罗勒叶碎 3g
- 水煮马铃薯 1 颗
- 美乃滋 30g
- 柠檬汁适量
- 盐、白胡椒粉适量

建议煎烤 5 ~ 6 分钟

 做法

1 将松饼面糊均匀倒入松饼机中，烘烤 5~6 分钟至金黄上色，再将松饼一开八。

2 草虾烫煮，冰镇后去壳，从背将虾肉展开备用。

3 水煮蛋及马铃薯压碎拌入罗勒叶及美乃滋，并用盐、胡椒及柠檬汁调味，整形成寿司大小的半圆柱型。

4 将格子松饼放上蛋洋芋沙拉，再盖上草虾，排盘即可。

夏威夷蔬果沙拉松饼

 材料

- 松饼面糊 120g
- 综合生菜 30g
- 番茄 1/2 颗
- 小黄瓜 1/2 条
- 苹果 1/2 颗
- 凤梨 4 片量
- 苜蓿芽 20g
- 千岛沙拉酱 15g

 建议煎烤 5 ~ 6 分钟

 做法

1　将松饼面糊均匀倒入松饼机中，扣上盖子，烘烤 5~6 分钟至金黄上色，备用。

2　将番茄、小黄瓜、苹果及凤梨切片。

3　将松饼盛盘，依序放上综合生菜、番茄片、凤梨片、小黄瓜片、苹果片及苜蓿芽。

4　淋上千岛沙拉酱，再覆盖另一片松饼即可。

烘蛋

火腿蟹肉芝士烘蛋饼

 材料

- 火腿片 2 片
- 蟹肉棒 2 条
- 芝士片 2 片
- 生菜 20g
- 蛋 1 颗
- 蛋饼皮 1 张
- 盐、胡椒适量

建议煎烤 5 ~ 6 分钟

 做法

1 将蛋打散，加入盐、胡椒调味，放入横纹模具，扣上松饼机，烘烤 6 分钟成烘蛋。

2 将烘蛋、火腿、芝士及生菜切丝，依序放入蛋饼皮中。

3 再将蛋饼卷起，放置于横纹模具（或平盘）中。

4 扣上松饼机，烘烤 5~6 分钟至金黄上色，切割后排盘即可。

材料

- 叉烧肉 60g
- 蛋黄 1 颗
- 蛋饼皮 1 张
- 番茄 1/2 颗
- 洋葱 10g
- 芝士片 1 片
- 稀黄油 2 大匙

 做法

1. 将叉烧肉切薄片，芝士切丝，番茄、洋葱切细丝（图1）。

2. 蛋黄及稀奶油混合拌搅均匀（图2、3）。

3. 将做法1的材料依序铺在蛋饼皮上（图4）。

4. 加入蛋黄稀奶油汁（图5），将蛋饼卷起（图6）。

5. 放置横条纹模具（或平盘）中（图7），扣上松饼机，烘烤5~6分钟至金黄上色即可。

建议煎烤 5～6 分钟

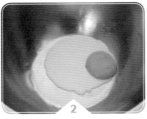

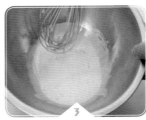

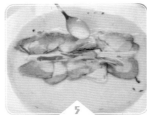

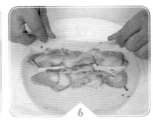

西班牙烘蛋牛角堡

材料

- 全蛋 2 颗
- 培根 2 片
- 洋葱 15g
- 番茄丁 15g
- 黑橄榄 2 颗
- 水煮马铃薯 1/6 颗
- 牛角面包 2 个
- 生菜 2 片

建议煎烤 4 ~ 5 分钟

 做法

1. 将全蛋打散（图1），过滤备用。

2. 培根切丝，洋葱切碎，番茄及水煮马铃薯切小丁，黑橄榄切片备用（图2）。

3. 松饼机预热后，加入培根炒香，再加入洋葱及番茄拌炒至上色，最后加入黑橄榄及马铃薯拌炒均匀（图3）。

4. 倒入蛋液，将材料均匀抹平（图4）。

5. 扣上盖子，烘烤4分钟后，卷成蛋卷状（图5）。

6. 将蛋卷夹入牛角面包内，搭配生菜即可（图6）。

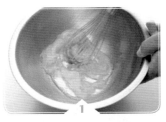

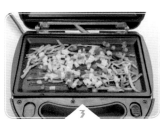

蛋白恩立蛋卷贝果

材料

- 蛋白3颗
- 贝果1个
- 火腿2片量
- 芝士2片量
- 番茄2片量
- 生菜叶2片
- 黑胡椒粉适量

建议煎烤5~6分钟

 做法

1　火腿、芝士、番茄切片备用（图1）。

2　将蛋白倒入模具中（图2）。

3　将火腿、番茄及芝士片铺在蛋白上（图3），撒上黑胡椒粉（图4）。

4　扣上盖子（图5），烘烤5分钟。

5　蛋白呈半凝固状后开始卷（图6）。

6　蛋白卷表面撒上黑胡椒粉（图7），夹入贝果内，搭配生菜即可(图8)。

金枪鱼烘蛋满福堡

材料

- 金枪鱼*罐头 20g
- 鸡蛋 2 颗
- 卷心菜 10g
- 红萝卜 10g
- 英式马芬堡 1 个
- 番茄酱 5ml
- 黑胡椒 3g
- 黄油适量

建议煎烤 3 ~ 4 分钟

做法

1 将英式马芬堡涂上黄油（图 1），然后放入松饼机，烘烤 2 分钟（图 2）。

2 金枪鱼沥干，卷心菜、红萝卜切丁备用（图 3）。

3 将卷心菜、红萝卜放入松饼机内煎熟（图 4）。

4 倒入蛋液，加入金枪鱼（图 5），再撒上黑胡椒扣上盖子，烘烤 3~4 分钟（图 6）。

5 烘烤完成后卷起（图 7），放在一片英式马芬堡上，于表面挤上番茄酱，再盖上另一片马芬堡即可完成（图 8）。

编者注：*金枪鱼也叫鲔鱼，香港称吞拿鱼。

芝士培根恩立烘蛋

 材料

- 培根 2 片
- 鸡蛋 3 颗
- 芝士片 1 片
- 葱花 5g
- 番茄酱适量

建议煎烤 4 ~ 5 分钟

 做法

1. 将培根煎熟（图 1），把鸡蛋搅拌均匀，过滤备用（图 2）。

2. 将芝士片切 3 小片，葱切成葱花备用（图 3）。

3. 蛋液倒入模具中，放上培根，撒上葱花（图 4）。

4. 扣上盖子，烘烤 1~2 分钟后，铺上芝士片（图 5），再扣上盖子。

5. 烘烤 3~4 分钟后，将蛋皮卷成蛋卷（图 6），对切后排盘，挤上番茄酱即可（图 7）。

黄金三色烘蛋

 材料

- 蛋 2 颗
- 蛋黄 1 颗
- 皮蛋 1 颗
- 咸蛋 1 颗
- 葱花 30g

 建议煎烤 4 ~ 5分钟

 做法

1. 将皮蛋及咸蛋水煮 10 分钟，切小丁备用。

2. 将蛋及蛋黄打散后，放置于横纹模具（或平盘）中。

3. 再加入皮蛋丁及咸蛋丁，撒上葱花。

4. 扣上盖子，烘烤 4~5 分钟至熟，将三色蛋卷起后，对切排盘。

熏三文鱼山药烘蛋

 材料

- 金枪鱼 80g
- 山药 60g
- 蛋 2 颗
- 洋葱 30g
- 青豆仁 30g
- 酸豆 10g
- 黑橄榄 5g
- 番茄片 3 片
- 芝士粉 3g

 建议煎烤 7 ~ 8 分钟

 做法

1. 金枪鱼切丝，蒸山药切丁，黑橄榄切片，洋葱、酸豆切碎与青豆仁备用。

2. 蛋打散备用。

3. 将洋葱炒香，加入金枪鱼、山药、青豆仁、酸豆及黑橄榄拌炒均匀。

4. 将馅料放入鲷鱼模具（或卡通模具）中至六分满，加入蛋液至八分满，扣上松饼机，煎烤7~8分钟。

5. 将番茄片铺在盘上，将烘蛋盛盘后撒上芝士粉。

照烧鳗鱼饭团

材料

- 照烧鳗鱼 120g
- 白饭 180g
- 红甜椒丁 10g
- 盐、白胡椒粉适量
- 葱花 10g

建议煎烤 7 ~ 8 分钟

做法

1 照烧鳗鱼切丁备用（图 1）。

2 以小火将照烧鳗鱼及红甜椒丁煮热后拌入葱花（图 2）。

3 再拌入白饭，以盐、胡椒调味（图 3）。

4 最后将照烧鳗鱼饭放入模具（也可用卡通模具等）中（图 4），扣上盖子，煎烤 7~8 分钟，即可盛盘。

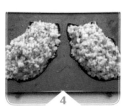

1   2   3   4

黄油南瓜米饭团

材料

- 南瓜 150g
- 白饭 180g
- 培根 2 片
- 洋葱碎 1/4 颗
- 芝士粉 15g
- 牛奶 50ml
- 盐、白胡椒粉适量

 建议煎烤 7 ~ 8 分钟

 做法

1. 将南瓜表面均匀抹上橄榄油（图1），放入电锅蒸 30 分钟至熟。

2. 出炉后将南瓜去皮，捣碎成泥状（图2），培根切丁，炒至上色（图3）。

3. 锅子预热，先爆香洋葱碎后，加入牛奶与米饭拌炒（图4），待米饭散开后，放入南瓜泥搅拌均匀，并用盐、胡椒调味。

4. 将黄油南瓜饭置入三角形模具（或杯子蛋糕模具等）至八分满（图5）。

5. 铺上培根丁后（图6），覆盖剩余的米饭至全满（图7），扣上盖子，煎烤7~8 分钟至熟后排盘。

和风鲜虾米饭团

 材料

- 草虾 4 只（约 60g）
- 白饭 180g
- 水 1/4 杯
- 白葡萄酒 2 大匙
- 红甜椒 1/6 颗（约 30g）
- 蛋清 1/2 颗
- 香松 10g
- 盐、白胡椒粉适量

建议煎烤 7 ~ 8 分钟

 做法

1 红椒切丁；草虾去头、去壳，并将虾肉切丁，备用。

2 炒香虾壳及虾头后，加入白葡萄酒及水熬煮。汤浓缩至一半，过滤后为虾高汤。

3 将虾肉炒至七分熟，加入白饭、红甜椒丁、盐及胡椒粉，一边拌炒一边倒入虾汁至饭粒充分吸收，待降温，加入蛋清拌搅均匀。

4 将和风鲜虾饭置入模具中至全满，撒上香松，扣上盖子，煎烤 7~8 分钟至熟后排盘。

蒜香蛤蜊罗勒米饭团

 材料

- 蛤蜊 250g
- 白饭 180g
- 黄油 30g
- 蒜头碎 15g
- 罗勒碎 3g
- 白酒 3 大匙
- 蛋清 1/2 颗
- 盐、白胡椒粉适量

 建议煎烤 7～8 分钟

 做法

1. 用黄油将蛤蜊与蒜头炒香，加入白酒及水，加盖闷煮蛤蜊至熟透。

2. 将蛤蜊肉取下，蛤蜊汁过滤备用。

3. 以黄油将蛤蜊肉与罗勒碎拌炒均匀，加入白饭并倒入蛤蜊汁，至饭粒充分吸收蛤蜊汁后，用盐、胡椒调味，待降温后加半颗蛋清搅拌均匀。

4. 将蒜香蛤蜊罗勒饭放入三角形模具（或杯子蛋糕模具等）至全满，扣上盖子，煎烤7~8分钟至熟后排盘。

韩式烤牛肉饭团

材料

- 牛肉片 100g
- 韩式泡菜 20g
- 白饭 180g
- 洋葱丝 20g
- 蒜头碎 5g
- 葱花 5g
- 酱油 10g
- 糖 5g
- 香油 3g
- 白芝麻 3g
- 盐、白胡椒粉适量

 建议煎烤 6 ~ 7 分钟

 做法

1 将牛肉片依序加入洋葱丝、蒜头碎、酱油、糖、香油、盐及胡椒，腌制 20 分钟（图1）。

2 锅子预热后，炒香牛肉至八分熟，再加入泡菜拌匀（图2）。

3 将白饭及泡菜牛肉拌入葱花及白芝麻（图3）。

4 最后再将牛肉饭团放入三角形模具（或杯子蛋糕模具等）中（图4），扣上盖子，煎烤6~7分钟至上色，排盘（图5）。

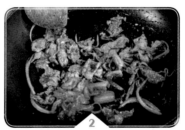

樱花虾紫米金枪鱼饭团

 材料

- 樱花虾 15g
- 紫米 180g
- 金枪鱼 15g
- 红甜椒 5g
- 黄甜椒 5g
- 洋葱 10g
- 玉米粒 10g
- 蛋清 1 颗
- 黑胡椒粉 3g

 建议煎烤 6～7 分钟

 做法

1 将红甜椒、黄甜椒、洋葱切丁，与樱花虾、金枪鱼、玉米粒、黑胡椒粉放入盆中备用。

2 再加入紫米及蛋清拌匀。

3 将紫米金枪鱼樱花虾放入模具中至全满。

4 扣上盖子，烘烤6~7分钟后排盘。

法国吐司

材料

- 吐司 2-4 片
- 鸡蛋 1 颗
- 牛奶 150ml
- 糖 15g
- 香草精 2ml

建议煎烤 4 ~ 5 分钟

做法

1. 吐司切边（图1）。

2. 将鸡蛋、牛奶、糖打散后过滤，再加入香草精（图2）。

3. 让吐司吸收拌好的液体（图3）。

4. 最后将吐司放入模具中（图4），扣上盖子，烘烤 4~5 分钟至熟，排盘即可（图5）。

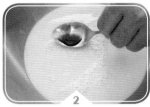

德式辣味热狗

材料

- 德式熏肉肠 2 条
- 青葱 30g
- 松饼面糊 150g
- 辣椒粉 3g
- 蒜香粉 3g
- 匈牙利甜椒粉 3g
- 黄芥末酱 10g

建议煎烤 6 ~ 7 分钟

 做法

1　将青葱切至长约 0.5 厘米（图1），把辣椒粉、蒜香粉及匈牙利甜椒粉拌匀，备用。

2　将葱花及综合辣椒粉拌入松饼面糊中（图2、3）。

3　在烤盘涂一层油，放入热狗（图4），加热 2 分钟后取出。

4　将松饼面糊放入模具中至四分满（图5），放入热狗（图6）。

5　再加入松饼面糊至九分满，扣上盖子，烘烤 3~4 分钟（图7）。

6　将热狗三个串成 1 串，并淋上黄芥末酱即可（图8）。

番茄鸡肉面饺

材料

- 手工面皮 100g
  或馄饨面皮（正方）
- 鸡胸肉 80g
- 圣女番茄 30g
- 番茄酱汁 100g
- 蘑菇 50g
- 芝士 15g
- 干燥欧芹适量
- 干燥罗勒适量
- 盐、白胡椒粉适量
- 鸡蛋 1 颗

 建议煎烤 4 ~ 5 分钟

 做法

1 先将馄饨面皮用滚水烫 45 秒（图 1）后，捞起沥干备用。

2 鸡胸肉、蘑菇、圣女番茄切小丁备用（图 2）。

3 将做法 2 拌入欧芹、罗勒、盐及胡椒，炒熟即可（图 3）。

4 面皮放入松饼机，再放上炒熟后的食材及芝士片（图 4、5），最后在面皮周边刷上蛋液（图 6）。

5 将包好的面饺三角对折（图 7），扣上盖子，烘烤 4~5 分钟。

6 最后将番茄鸡肉面饺对切盛盘，附上番茄酱汁即可。

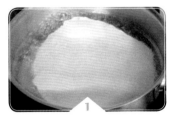

熏鸡芝士香葱马芬

材料

A

- 熏鸡肉 50g
- 芝士丝 15g

B

- 中筋面粉 110g
- 泡打粉 8g
- 牛奶 110g
- 混合蛋液 1 颗
- 熔化黄油 20g
- 葱花 5g
- 盐 2g

做法

1. 将熏鸡肉切小丁（图 1）。

2. 材料 B 搅拌均匀（图 2），加入熏鸡及芝士丝（图 3）。

3. 将面糊放入三角模具（或杯子蛋糕模具等）中至八分满（图 4）。

4. 扣上盖子，烘烤 8~9 分钟至熟，排盘即可（图 5）。

 建议煎烤 8 ~ 9 分钟

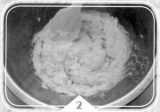

三文鱼黑胡椒马芬

材料

A

- 三文鱼 50g
- 柠檬汁 5g
- 白酒 10g
- 盐、白胡椒粉适量

B

- 中筋面粉 110g
- 泡打粉 8g
- 牛奶 110g
- 混合蛋液 1 颗
- 熔化黄油 20g
- 柠檬皮 5g
- 欧芹碎 5g
- 盐 2g
- 黑胡椒碎 3g

做法

1. 将三文鱼切小丁，以盐、胡椒及柠檬汁调味，干煎至八分熟，淋上白酒（图 1）。

2. 将材料 B 搅拌均匀成面糊（图 2）。

3. 再将面糊放入三角模具（或杯子蛋糕模具等）中约八分满，续入三文鱼（图 4）。

4. 扣上盖子，烘烤 8~9 分钟至熟，排盘即可（图 5）。

建议煎烤 8 ~ 9 分钟

4

5

司康

材料

- 高筋面粉 300g
- 泡打粉 8g
- 黄油 90g
- 鸡蛋 50g
- 糖粉 50g
- 牛奶 100g
- 葡萄干 50g
- 水滴巧克力 50g

 建议煎烤 10 分钟

 做法

1 黄油加入糖粉拌匀（图1），续入鸡蛋拌匀后（图2、3），再加入过筛的高筋面粉及泡打粉（图4）。

2 最后加入牛奶、葡萄干、水滴巧克力拌匀成团（图5~7），不可过度揉成团，松弛30分钟（图8）。

3 压成1.5厘米厚入松饼机（图9），烘烤10分钟即可（图10）。

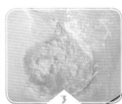
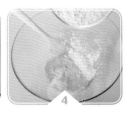
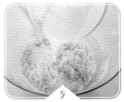

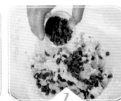
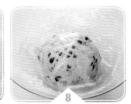

材料

- 高筋面粉 300g
- 泡打粉 8g
- 黄油 90g
- 鸡蛋 50g
- 糖粉 50g
- 牛奶 100g
- 香松 *30g

 建议煎烤 10 分钟

 做法

1 将黄油加入糖粉拌匀（图1）。

2 再加入蛋拌匀后（图2、3），续入高筋面粉及泡打粉（图4）。

3 最后加入牛奶（图5）、香松拌匀，揉成团，不可过度揉捏，揉好后松弛 30 分钟（图6）。

4 将面团压成约 1.5 厘米厚度，入松饼机(图7)，烘烤 10 分钟即可。

编者注：＊香松是由芝麻、海苔碎等组成的调料，网店有售。

总汇松饼三明治

材料

- 松饼面糊 120g
- 培根 4 片
- 鸡胸肉 2 片（40g/ 片）
- 蛋 1 颗
- 小黄瓜 1 条
- 红番茄 4 片
- 芝士片 2 片
- 马铃薯片适量
- 罗马生菜叶 2 片
- 美乃滋 20g

 建议煎烤 5 ~ 6 分钟

 做法

1　将松饼面糊均匀倒入松饼机中，烘烤 5~6 分钟至金黄上色，再将松饼一开四（图 1）。

2　将培根及鸡肉煎熟，蛋打散倒入锅中煎成蛋皮备用（图 2）。

3　在格子松饼上分别放上美乃滋、培根、鸡胸肉、蛋皮作为三明治的一层（图 3）。

4　美乃滋、罗马生菜、番茄、小黄瓜、芝士作为三明治的另一层（图 4）。

5　将两层组装，最后附上马铃薯片即可（图 5）。

1

2

3

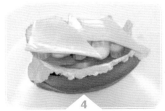
4

5

黄油甜玉米三明治

材料

- 黄油 A 30g
- 黄油 B 5g
- 玉米粒 80g
- 吐司 4 片
- 面粉 30g
- 牛奶 100g
- 炼乳 30g
- 盐、白胡椒粉适量

 建议煎烤 6 ~ 7 分钟

 做法

1 将黄油 A 及面粉以小火拌炒（图1），加入牛奶拌匀煮至沸腾后（图2），加入盐、胡椒调味（图3）。

2 续加入炼乳及玉米粒（图4），即为甜玉米馅。

3 吐司去边后（图5），斜角对切并涂上黄油 B（图6）。

4 将三角吐司放入方形模具中，加入甜玉米馅（图7）。

5 再盖上另一片三角吐司，扣上盖子，烘烤6~7分钟至熟，排盘即可（图8）。

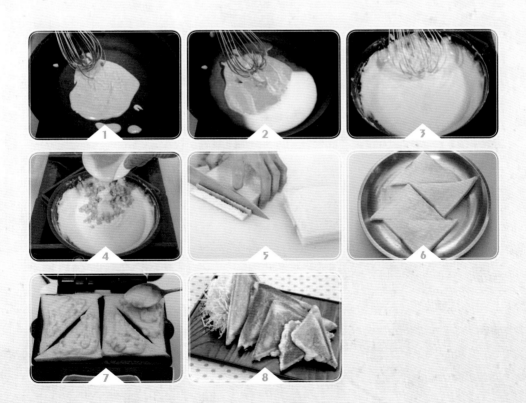

酱烧鳗鱼三明治

材料

- 鳗鱼肉（罐头）30g
- 洋葱 10g
- 芝士片 2 片
- 吐司片 4 片
- 黄油 10g

建议煎烤 4 ~ 5 分钟

 做法

1 将洋葱切圈，放入烤盘中煎至上色（图 1）。

2 鳗鱼罐头放入锅中隔水加热（图 2）。

3 将吐司修边后涂上黄油后（图 3），放入松饼机，依序放上洋葱、芝士片、鳗鱼（图 4），再盖上吐司。

4 扣上盖子，烘烤 4~5 分钟即可（图 5）。

5 取出三明治后，对切排盘（图 6）。

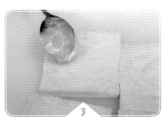

咖喱猪肉满福堡

 材料

- 猪绞肉 150g
- 英式马芬堡 4 片
- 咖喱粉 30g
- 洋葱碎 150g
- 青葱（花）50g
- 黄油 10g
- 匈牙利红椒粉 *5g
- 酱油 5g
- 盐 3g
- 糖 5g
- 白胡椒粉 3g
- 芝士丝 60g

 建议煎烤 6～7 分钟

 做法

1. 用热油将洋葱炒香后，加入猪绞肉拌炒均匀，再加入咖喱粉、匈牙利红椒粉、酱油、盐、糖及胡椒调味，再拌入葱花，就做成了猪肉咖喱馅。

2. 将英式马芬堡放入方形模具（或杯子蛋糕模具等）中，涂上黄油。

3. 夹入咖喱猪肉馅，撒上芝士丝，再盖上另一片英式马芬堡。

4. 扣上盖子，烘烤6~7分钟至上色，对切排盘。

编者注：* 匈牙利红椒粉是一种红色甜椒粉，英文名是 Paprika，网店有售。

牛肉芝士三明治

 材料

- 熏牛肉片 60g
- 芝士片 4 片
- 蛋 2 颗
- 吐司 4 片
- 黄油适量

 做法

1 将吐司去边整形（图 1），涂上黄油。

2 吐司夹入熏牛肉片及芝士片（图 2）。

3 将蛋打散，吐司沾上蛋液（图 3）。

4 将吐司放入方形模具中（图 4），扣上盖子，烘烤 4~5 分钟即可。

 建议煎烤 4 ~ 5 分钟

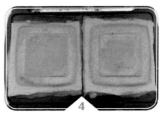

松饼

和风鸡肉咖喱松饼

材料

- 去骨鸡腿肉 100g
- 松饼面糊 120g
- 洋葱 1/4 颗
- 马铃薯 1/2 颗
- 红萝卜 1/6 条
  （约 40g）
- 西兰花 1/4 颗
  （30g）
- 黄油 10g
- 咖喱块 50g
- 鸡高汤 150ml

 建议煎烤 5～6 分钟

 做法

1　将鸡腿肉、马铃薯及红萝卜切小丁，洋葱切碎，西兰花切小朵（图1）。

2　依序将鸡腿肉、马铃薯、红萝卜及西兰花烫煮至熟（图2）。

3　用黄油将洋葱炒上色，加入咖喱块及鸡高汤，用小火煮至咖喱稠化（图3），再加入做法2的食材搅拌均匀（图4），即为和风鸡肉咖喱酱。

4　将松饼面糊倒入松饼机（图5），扣上盖子，烘烤 5~6 分钟。

5　再将格子松饼盛盘，并淋上和风鸡肉咖喱酱即可（图6）。

法式芝士洋菇鸡肉松饼

材料

- 鸡胸肉丁
  （1.5 厘米）150g
- 双孢菇（洋菇）片 50g
- 松饼面糊 150g
- 洋葱末 30g
- 冷冻三色蔬菜丁 60g
- 面粉 10g
- 黄油 10g
- 芝士 50g
- 鸡高汤 200g
- 牛奶 50g
- 芝士粉 5g

 建议煎烤 5 ~ 6 分钟

 做法

1 鸡胸肉烫熟；洋葱、三色蔬菜丁及双孢菇炒香备用（图1）。

2 将黄油及面粉炒成面糊，再入鸡高汤及牛奶，搅拌至无颗粒成黄油状（图2）。

3 加入鸡胸肉丁、洋葱、三色蔬菜丁、双孢菇及芝士（图3），即为法式芝士双孢菇鸡肉酱（图4）。

4 将松饼面糊均匀倒入松饼机中，烘烤5~6分钟至金黄上色，涂上黄油（图5）。

5 最后将格子松饼盛盘，淋上法式芝士双孢菇鸡肉酱（图6），撒上芝士粉即可（图7）。

香蕉巧克力松饼

 材料

- 松饼面糊 100g
- 苦甜调温巧克力豆 50g
- 稀奶油 50g
- 黄油 10g

装饰
- 新鲜香蕉 1 根
- 新鲜草莓适量
- 蓝莓适量
- 蔓越莓适量
- 糖珠适量

 建议煎烤 5 分钟

 做法

1　将稀奶油加入巧克力豆隔水加热至熔化。

2　再加入黄油拌匀,这样就做成了"甘纳许"。

3　取做法 2 的甘纳许 20g 倒入 100g 松饼面糊中拌匀。

4　将巧克力面糊铺于模具中,烤约 5 分钟后,摆盘装饰即可。

黑芝麻养生松饼

 材料

- 黑芝麻粉 20g
- 松饼面糊 100g

芝麻酱
- 动物性稀奶油 30g
- 酸奶 10g
- 芝麻粉 5g

装饰
- 综合坚果 50g
- 已打发奶油 30g
- 蓝莓适量

 做法

1 将芝麻粉加入松饼面糊拌匀备用。

2 将动物性稀奶油、酸奶及芝麻粉搅拌均匀即为芝麻酱。

3 将芝麻面糊倒入格子模具中，烤约5分钟后取出，芝麻酱夹入松饼，摆盘装饰即可。

 建议煎烤5分钟

比利时肉桂巧克力松饼

 材料

- 松饼粉 100g
- 水 50g
- 鸡蛋 50g
- 肉桂巧克力豆 *20g
- 可可粉 15g

编者注：* 如果买不到，可以用肉桂粉加巧克力豆来代替。

 做法

1　取盆倒入松饼粉、鸡蛋、水（图1，可先拌匀），再加入可可粉搅拌均匀（图2、3）。

2　最后将面糊挤入松饼机（图4），洒上肉桂巧克力豆（图5），扣上盖子，烘烤7分钟即可。

 建议煎烤7分钟

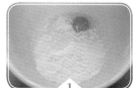

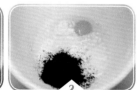

香橙巧克力松饼

 材料

- 松饼面糊 100g
- 苦甜调温巧克力豆 50g
- 稀奶油 50g
- 黄油 10g
- 新奇士橙 2 粒
- 糖 20g

装饰
- 蔓越莓适量
- 坚果适量
- 草莓丁适量

 建议煎烤 5 分钟

 做法

1 巧克力豆加入稀奶油隔水加热熔化。

2 再加入黄油拌匀，这样就做成了"甘纳许"。

3 取做法 2 的甘纳许 20g 倒入 100g 松饼面糊中拌匀。

4 烤格子松饼 2 片。

5 新奇士橙取肉，洒糖，并使用喷火枪烧烤，而后放于松饼上，再加装饰即可。

幸福恋人

 材料

- 松饼面糊 100g
- 新鲜草莓 8 个
- 已打发奶油 80g
- 香草冰淇淋 1 球

装饰
- 草莓酱 30g
- 巧克力酱 30g
- 杏仁片 10g
- 开心果碎适量
- 榛果碎适量
- 果胶适量

 做法

1 烤圆形格子松饼约 5 分钟备用。

2 组装：先挤上已打发奶油，将草莓与冰淇淋球堆叠成金字塔形，装饰即可。

 建议煎烤 5 分钟

烈日松饼

 材料

- 松饼粉 100g
- 鸡蛋 50g
- 水 50g
- 珍珠糖 15g

 做法

1 将松饼粉、鸡蛋、水拌匀（图1）。

2 再将面糊挤入松饼机（图2）。

3 洒上珍珠糖（图3），烤约5分钟即可（图4）。

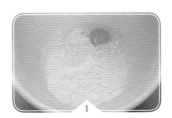

1

 建议煎烤5分钟

2

3

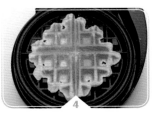

4

松饼 | *Waffle* **65**

肉桂核桃糖松饼

材料

- 松饼粉 100g
- 鸡蛋 50g
- 水 50g
- 肉桂粉 5g

焦糖酱
- 糖 100g
- 稀奶油 50g
- 黄油 50g

糖霜
- 糖粉 100g
- 蛋白 30g
- 核桃 50g

　建议煎烤 5 分钟

做法

1　将松饼粉、鸡蛋、水拌匀，倒入格子模具中烤成松饼（图1）。

2　焦糖酱：糖煮至焦化后（以小火慢煮以免糖苦化）（图2），冲入稀奶油（可先将稀奶油退冰至常温）（图3），再加入黄油拌匀即可（图4）。

3　糖粉与蛋白拌匀成糖霜，再将松饼沾上糖霜（图5）。

4　最后将核桃、焦糖酱及肉桂粉拌匀后，放置松饼上即可完成（图6）。

传统比利时松饼

材料

- 松饼粉 100g
- 鸡蛋 50g
- 水 50g

做法

1 将松饼粉、鸡蛋、水拌匀成面糊（图1）。

2 再将面糊挤入格子模具中（图2），扣上盖子，烘烤7分钟即可。

 建议煎烤7分钟

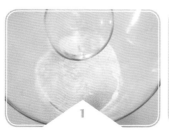

猪肉咖喱马铃薯饼

 材料

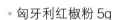

- 猪绞肉 150g
- 咖喱粉 10g
- 水煮马铃薯 2 颗
- 黄油 10g
- 洋葱碎 150g
- 青葱（花）50g
- 无糖稀奶油 15g
- 蛋黄 1 颗
- 匈牙利红椒粉 5g
- 酱油 5g
- 盐 3g
- 糖 5g
- 白胡椒粉 3g
- 【蛋黄水】1 颗蛋黄及 1 小匙水

 建议煎烤 7 ~ 8 分钟

 做法

1 用黄油将洋葱炒香后，加入猪绞肉拌炒均匀，再加入咖喱粉、匈牙利红椒粉、酱油、盐、糖及胡椒调味，拌入葱花，即为猪肉咖喱馅。

2 将马铃薯压成泥，拌入蛋黄及稀奶油，并以盐、胡椒调味。

3 将猪肉咖喱馅包入马铃薯泥，两者比例为 1 : 4，整形成三角形（或圆形等）。

4 刷上蛋黄水，撒上葱花，放入三角形模具（或杯子蛋糕模具等）中，扣上盖子，煎烤 7~8 分钟。

牛油果猪肉墨西哥烤饼

材料

A
- 猪绞肉 100g
- 洋葱碎 20g
- 红萝卜碎 20g
- 匈牙利红椒粉 3g
- 盐 3g
- 白胡椒粉 2g
- 橄榄油 10g

B
- 牛油果 80g
- 柠檬汁 15g
- 芝士丝 30g
- 墨西哥饼皮 1 片
- 酸奶油 10g
- 盐、胡椒适量

 建议煎烤 4 ~ 5 分钟

做法

1 将材料 A 所有食材混合均匀后，分成 60g 的球状（图 1）。

2 将球状压扁，用平底锅煎至金黄色熟透（图 2）。

3 材料 B 的牛油果压泥与柠檬汁、盐及胡椒混合拌匀成牛油果酱（图 3）。

4 墨西哥饼皮抹上酸奶油，放上汉堡肉，再撒上芝士丝（图 4）。

5 将饼皮放入横纹模具（或平盘与蛋卷烤盘的组合）中对折成半圆，扣上盖子，烘烤 4~5 分钟呈金黄色泽后（图 5），将墨西哥饼一开四（图 6）。

6 最后将牛油果酱填入墨西哥饼中即可（图 7）。

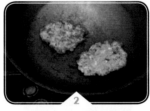

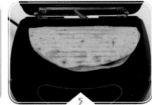

墨西哥熏鸡芝士饼

建议煎烤6～7分钟

材料

- 熏鸡片 120g
- 洋葱丝 40g
- 红甜椒丝 30g
- 黄甜椒丝 30g
- 青椒丝 30g
- 墨西哥辣椒片 30g
- 芝士丝 60g
- 香菜 10g
- 墨西哥饼 2 片
- 橄榄油 10g
- 酸奶油 30g
- 玉米脆片 80g
- 盐、白胡椒粉适量

做法

1 以橄榄油将洋葱、红甜椒、黄甜椒及青椒炒香，并加入盐及胡椒调味。

2 将酸奶油均匀涂抹在墨西哥饼皮上。

3 加入炒香的洋葱丝、甜椒丝、青椒丝熏鸡片、墨西哥辣椒片、芝士丝及香菜。

4 对折成半圆，放置于横纹模具（或平盘与蛋卷烤盘的组合）中，烘烤6~7分钟至上色后切片盛盘，附上玉米脆片即可。

墨西哥牛肉芝士饼

建议煎烤6～7分钟

材料

- 熏牛肉片 120g
- 洋葱丝 40g
- 红甜椒丝 30g
- 黄甜椒丝 30g
- 青椒丝 30g
- 墨西哥辣椒片 30g
- 芝士丝 60g
- 香菜 10g
- 墨西哥饼 2 片
- 橄榄油 10g
- 酸奶油 30g
- 玉米脆片 80g
- 盐、白胡椒粉适量

做法

1 以橄榄油将洋葱、红甜椒、黄甜椒及青椒炒香，并加入盐及胡椒调味。

2 将酸奶油均匀涂抹在墨西哥饼皮上。

3 依序加入炒香的洋葱丝、甜椒丝、青椒丝、牛肉片、墨西哥辣椒片、芝士丝及香菜。

4 卷成肉卷，放入横纹模具（或平盘与蛋卷烤盘的组合）中，烘烤6~7分钟至上色后切片上盘，附上玉米脆片即可。

韩式海鲜饼

材料

- 中筋面粉 375g
- 虾仁丁 50g
- 鱿鱼丁 50g
- 红甜椒丝 20g
- 青葱丝 20g
- 海鲜高汤 1 杯
- 韩式泡菜 30g
- 盐适量

 建议煎烤 8 ~ 9 分钟

 **做法**

1 将海鲜料烫熟、滤干备用，并将中筋面粉与海鲜高汤搅拌均匀，即为海鲜面糊（图 1）。

2 依序将海鲜料及蔬菜料沾上薄面粉（图 2）。

3 将海鲜料及蔬菜料拌入海鲜面糊中（图 3）。

4 将拌好的海鲜面糊倒入模具中至八分满（图 4），扣上盖子，烘烤 8~9 分钟至熟。

5 盛盘后附上泡菜即可（图 5）。

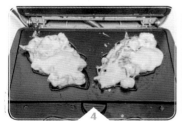

泡菜猪肉煎饼

材料

- 猪肉片 100g
- 泡菜 80g
- 中筋面粉 200g
- 洋葱丝 10g
- 青葱丝 10g
- 红萝卜丝 10g
- 蒜头碎 5g
- 鸡高汤 200g
- 黄油 10g
- 酱油 10g
- 香油 10g

建议煎烤 8 ~ 9 分钟

 做法

1. 将猪肉片加入酱油、香油及蒜头腌制 10 分钟（图 1、2）。

2. 洋葱丝、青葱丝及红萝卜丝以黄油略炒上色，加入酱油及香油，即为蔬菜馅料（图 3）。

3. 中筋面粉加入鸡高汤拌匀成煎饼面糊（图 4）。

4. 先将猪肉片煎上色，再加入蔬菜馅料及泡菜 30g 混合，放入横纹模具（或平盘），倒入煎饼面糊至八分满（图 5），扣上盖子，烘烤 8~9 分钟即可。

5. 盛盘后附上泡菜即可（图 6）。

番茄青酱芝士披萨

材料

面包体
- 干酵母粉 5g
- 高筋面粉 365g
- 温水 300g
- 盐 5g

顶料
- 番茄片 1 颗
- 水煮蛋片 1 颗
- 芝士片 50g
- 罗勒叶 6 片
- 青酱*30g

建议煎烤 5 ~ 6 分钟

 做法

1. 将高筋面粉过筛，备用（图1）。

2. 干酵母粉及温水混合 1 分钟后，加入盐及高筋面粉，揉成面团（图2）。

3. 表面光滑后分割面团，每个小面团约 40g，滚圆后醒面团 15 分钟（图3）。

4. 放入甜甜圈模具中（图4），扣上盖子，烘烤 5~6 分钟。

5. 将饼涂上青酱，依序放上蛋片、番茄片、芝士片及罗勒叶（图5），再放上芝士片。

6. 最后将芝士烤上色，排盘即可（图6）。

编者注：*青酱也叫罗勒酱，由罗勒叶、大蒜、干酪、橄榄油等成分制成，英文 pesto。

熏三文鱼洋菇芝士饼

 材料

- 熏三文鱼 30g
- 双孢菇（洋菇）30g
- 紫洋葱 30g
- 蛋 1 颗
- 火腿片 2 片
- 芝士片 2 片
- 蛋饼皮 1 张
- 盐、白胡椒粉适量

 建议煎烤 6 ~ 7 分钟

 做法

1. 将蛋打散，加入盐、胡椒调味，放入横纹模具，扣上松饼机，烘烤 6 分钟成烘蛋，对折备用。

2. 芝士片切丝；双孢菇切片，洋葱、熏三文鱼切丝，炒香备用。

3. 向蛋饼皮夹入做法 2 成品，再将蛋饼卷起。

4. 将蛋饼放置于横纹模具中，扣上松饼机，烘烤 6~7 分钟至金黄上色后，对切排盘。

建议煎烤 6～7 分钟

墨西哥烤蔬菜芝士饼

 材料

- 意式烤蔬菜 100g
  （见第 14 页意式烤甜椒）
- 墨西哥辣椒片 30g
- 芝士丝 60g
- 香菜 10g
- 墨西哥饼 2 片
- 橄榄油 10g
- 酸奶油 30g
- 盐、白胡椒粉共 5g

 做法

1　烤蔬菜切丝，以橄榄油炒香，再以盐、胡椒调味备用（图 1）。

2　将墨西哥饼皮涂上酸奶油（图 2），放上烤蔬菜丝、墨西哥辣椒片、芝士丝及香菜（图 3）。

3　对折成长方形（图 4），放入横纹模具（或平盘等）中，烘烤 6~7 分钟至熟上色，排盘。

印度芋泥烧肉饼

材料

- 水煮芋头 150g
- 叉烧肉 80g
- 蛋黄 1 颗
- 无糖稀奶油 15g
- 蒜苗（花）30g
- 洋葱 30g
- 青豆仁 10g
- 咖喱粉 100g
- 蛋饼皮 2 张
- 蛋液 10g
- 黄油 10g
- 盐、白胡椒粉共 3g

建议煎烤 6 分钟

 做法

1. 将芋头压成泥（图 1），加入蛋黄及无糖稀奶油搅拌均匀。

2. 叉烧肉切丁，洋葱切碎备用。

3. 用黄油将叉烧肉、洋葱、蒜苗炒香，加入咖喱粉搅匀（图 2）。

4. 将做法 3 的材料及青豆仁拌入芋泥，以盐、胡椒调味（图 3），即做成芋头叉烧馅。

5. 蛋饼皮对切，包入芋头叉烧馅，擦上蛋液再折成三角形（图 4~7）。

6. 将三角芋泥饼放入横纹模具（或平盘）中，扣上盖子，烘烤 6~7 分钟至熟，对切排盘（图 8）。

夏威夷口袋披萨

材料

面包体
- 干酵母粉 5g
- 高筋面粉 365g
- 温水 300g
- 盐 5g

馅料
- 披萨番茄酱汁 30g
- 凤梨片 2 片
- 火腿片 4 片
- 洋葱丝 3g
- 芝士丝 20g
- 蛋液水 1 颗

建议煎烤 6 ~ 7 分钟

 做法

1. 将高筋面粉过筛，备用（图 1）。

2. 干酵母粉及温水混合 1 分钟后，加入盐及高筋面粉，揉成面团（图 2）。

3. 表面光滑后分割面团，每个面团约 60g，滚圆后醒面团 15 分钟（图 3）。

4. 擀成正方形 4 片，将面皮放入正方形模具中，涂上番茄酱汁，依序放入火腿片、洋葱丝、凤梨片及芝士丝（图 4）。

5. 将面皮四周涂上蛋液水，再盖上另一张面皮（图 5）。

6. 扣上盖子，烘烤 6~7 分至熟，对切后排盘即可（图 6）。

松饼烧

樱花虾 XO 干贝酱大阪烧

 材料

- 樱花虾干 50g
- XO 干贝酱 15g
- 松饼面糊 120g
- 菠菜 100g
- 日式芥末酱 3g
- 美乃滋 20g
- 柴鱼片 5g

 建议煎烤 5 ~ 6 分钟

 做法

1　菠菜烫煮后，放入果汁机打成泥，并滤干；美乃滋与日式芥末酱拌匀即为芥末美乃滋。

2　将松饼面糊、菠菜泥、樱花虾干及 XO 干贝酱依序加入，拌搅均匀。

3　再将樱花虾干、XO 干贝酱面糊倒入模具中至全满，扣上盖子，烘烤 5~6 分钟。

4　盛盘后再用芥末美乃滋及柴鱼片装饰即可。

蔬食金枪鱼烧

 材料

- 松饼面糊 120g
- 罐头金枪鱼 50g
- 玉米粒 15g
- 洋葱碎 10g
- 红椒丁 30g
- 黄椒丁 30g
- 黑胡椒 3g

建议煎烤 4 ~ 5 分钟

 做法

1. 将金枪鱼沥干，依序拌入玉米粒、洋葱碎、黄甜椒丁、红甜椒丁，并撒上少许的黑胡椒调味，即为金枪鱼馅料。

2. 将松饼面糊倒入鲷鱼模具（或卡通模具等）中至八分满。

3. 再加入金枪鱼馅料。

4. 最后覆盖上松饼面糊，扣上盖子，烘烤 4~5 分钟即可。

手工章鱼丸串烧

材料

- 松饼面糊 100g
- 墨鱼汁 *5g
- 章鱼泥 100g
- 鱼浆 60g
- 青椒 50g
- 红甜椒 50g
- 黄甜椒 50g
- 洋葱 50g
- 凤梨丁 50g
- 盐、白胡椒粉共 5g
- 柠檬角 2 个

建议煎烤 5 ~ 6 分钟

 做法

1 青椒、红甜椒、黄甜椒、洋葱切成 1.5 厘米的小丁（图 1）。

2 将章鱼泥及鱼浆搅拌均匀（图 2），并以盐、胡椒调味。

3 揉成约 3 厘米的章鱼丸子（图 3），将章鱼丸子煎至熟备用（图 4）。

4 将松饼面糊加入墨鱼汁搅拌均匀（图 5、6）。

5 再将面糊倒入甜甜圈模具中至全满（图 7），扣上盖子，烘烤 5~6 分钟至熟。

6 依序将章鱼松饼、洋葱、章鱼丸子、红甜椒、黄甜椒、章鱼松饼、凤梨、章鱼丸子、青椒、章鱼松饼、凤梨、红甜椒串成串（图 8），附上柠檬角即可。

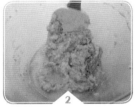

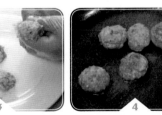

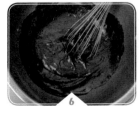

编者注：* 一种西班牙调料。

白酱海鲜三文鱼烧

材料

 做法

A
- 黄油 15g
- 中筋面粉 15g
- 牛奶 150ml
- 盐、白胡椒粉共 3g

B
- 鱿鱼 50g
- 三文鱼 50g
- 洋葱 15g
- 黄油 适量

C
- 松饼面糊 120g

 建议煎烤 5 ~ 6 分钟

1　将材料 A 的黄油及中筋面粉以小火拌炒成面糊（图 1）。

2　再加入牛奶拌匀（图 2），煮至沸腾后，加入盐、胡椒粉调味，即成白酱（图 3）。

3　将材料 B 的洋葱切碎，鱿鱼及三文鱼切小丁（图 4）。

4　以黄油将洋葱、鱿鱼、三文鱼炒香（图 5）。

5　将白酱拌入海鲜料（图 6），即为海鲜酱（图 7）。

6　将松饼面糊倒入鲷鱼模具（或卡通模具等）中至六分满（图 8），加入海鲜酱（图 9）。

7　再覆盖松饼面糊至全满，扣上盖子，烤 5~6 分钟即可。

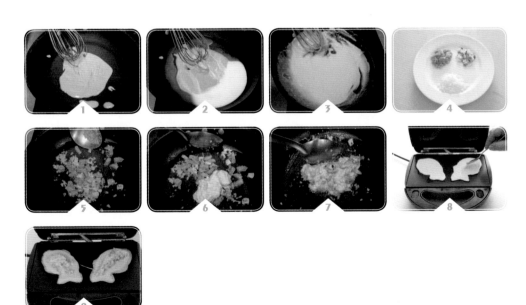

茭白蟹肉烧

 材料

- 茭白丁 60g
- 蟹腿肉丁 50g
- 松饼面糊 120g
- 青葱 5g
- 辣椒碎 2g
- 盐、白胡椒粉共 3g

 建议煎烤 4～5 分钟

 做法

1　蟹腿肉及茭白入水烫并冷却，拌入青葱及辣椒碎，并以盐、胡椒调味（图1）。

2　将松饼面糊倒入鲷鱼模具（或卡通模具等）至八分满（图2）。

3　再将蟹肉馅料放置松饼面糊上。

4　最后覆盖上松饼面糊至全满，扣上盖子，烘烤4～5分钟即可。

乌鱼子芋头烧

 材料

- 蒸熟芋头 150g
- 乌鱼子丁 40g
- 青蒜（花）40g
- 白萝卜小丁 30g
- 苹果小丁 30g
- 蛋黄 1 颗
- 面包粉 100g
- 黄油 5g
- 盐、白胡椒粉共 3g

 建议煎烤 6 ~ 7 分钟

 做法

1 将芋头压成泥，拌入蛋黄搅拌均匀。

2 葱花、白萝卜丁、苹果丁及乌鱼子以黄油炒香（图1）。

3 将做法 2 成品拌入芋泥，以盐、胡椒调味。

4 整形成 30g 的三角状，沾上面包粉，放入三角形模具（或杯子蛋糕模具等）中（图2）。

5 扣上盖子，烘烤6~7分钟至上色后，排盘即可。

日式章鱼烧

材料

- 松饼面糊 130g
- 红萝卜 30g
- 墨鱼 40g
- 柴鱼片 10g
- 卷心菜 100g
- 黑芝麻 2g
- 盐、胡椒粉共 3g
- 番茄酱 5g

建议煎烤 5 ~ 6 分钟

 做法

1 将30g卷心菜、红萝卜切成小丁（图1），墨鱼切成小丁后烫熟备用（图2）；另70g卷心菜切细丝备用。

2 将切成小丁的食材与黑芝麻、柴鱼片均匀拌入松饼面糊中（图3、4）。

3 拌匀后的松饼面糊放入模具（长形或圆形的都可）中约九分满（图5）。

4 扣上盖子（图6），烘烤5~6分钟即可（图7）。

5 将卷心菜丝垫底放上日式章鱼烧及柠檬角（图8），最后再加上卷心菜丝及番茄酱即可。

辣味南瓜蟹肉松饼烧

 建议煎烤 6 ~ 7 分钟

 材料

- 南瓜 250g
- 蟹肉棒 6 支
- 水煮马铃薯 200g
- 青蒜碎 30g
- 玉米粒 30g
- 面包粉 100g
- 黄油 10g
- 盐、白胡椒粉共 3g
- 粗辣椒粉 5g

 做法

1 将南瓜压成泥，拌入面包粉，搅拌均匀。

2 青蒜及玉米粒以黄油炒香。

3 将南瓜泥拌入玉米粒、青蒜，以盐、胡椒及粗辣椒粉调味，并包入蟹肉棒。

4 整形成 30g 长条状，沾上面包粉。

5 放入蛋糕模具（也可用圆形模具）中，扣上盖子，烘烤 6~7 分钟至熟，排盘。

L'oiseau qui vit... dans les bois
Se sentir d' humeur gaillard

鲜虾芝士松饼烧

 材料

A
- 鲜虾 6 只
- 芝士丝 15g

B
- 葱花 5g
- 中筋面粉 110g
- 泡打粉 8g
- 熔化黄油 22g
- 牛奶 110g
- 蛋液 1 颗
- 盐 2g

 做法

1　将草虾烫熟、去壳备用（图 1）。

2　将材料 B 搅拌均匀（图 2）。

3　加入芝士丝拌成面糊（图 3）。

4　最后将草虾沾面糊，放入横纹模具（或平盘与蛋卷模具的组合等）中（图 4），扣上盖子，烘烤 7~8 分钟即可。

 建议煎烤 7 ~ 8 分钟

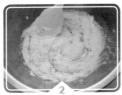
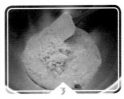

茶味红豆烧

 材料

- 松饼面糊 100g
- 红豆泥 20g
- 抹茶酱 5g

 建议煎烤 10 分钟

 做法

1 将松饼面糊加入抹茶粉拌匀（图 1）。

2 将抹茶面糊倒入鲷鱼模具（或卡通模具等）至八分满（图 2），放入红豆泥（图 3），扣上盖子，烤约10 分钟即可（图 4）。

QQ 黑糖鲷鱼烧

 材料

- 松饼面糊 100g
- 黑糖麻糬 5 个
- 抹茶酱 5g

 建议煎烤 10 分钟

 做法

1 将面糊加入抹茶粉拌匀（图1）。

2 将抹茶面糊倒入鲷鱼模具（或卡通模具等）中（图2），放入麻糬（图3），扣上盖子，烤约10分钟即可（图4）。

肉桂焦糖苹果烧

材料

- 松饼面糊 100g
- 黄油 50g
- 糖 100g
- 稀奶油 50g
- 肉桂粉 3g
- 苹果半粒

 建议煎烤 5 分钟

 做法

1　先将鱼形松饼烤熟（图1）。肉桂粉及苹果拌匀（图2）。

2　糖煮至焦化后（小火慢煮以免糖苦化）（图3），冲入稀奶油（可先将稀奶油退冰至常温）（图4），再加入黄油拌匀即可（图5）。

3　最后将苹果铺于模具中（图6），加入焦糖酱（图7），放上松饼（图8），烤约5分钟即可。

泰味车轮饼

材料

- 松饼面糊 100g
- 泰式红茶叶 30g
- 热水 15g

 卡士达酱

- 蛋黄 125g • 糖 125g • 玉米粉 63g
- 牛奶 675g • 黄油 63g • 稀奶油 400g

 建议煎烤5分钟

 做法

1. 将蛋黄、糖、玉米粉拌匀备用（图1、2），不可有结粒。

2. 牛奶煮滚冲入做法1的材料中（图3、4），继续加热至滚，使玉米粒粉熟化（图5）。

3. 加入黄油拌匀，待冷，再将打发的稀奶油加入，即为卡士达酱。

4. 泰式红茶叶（图6）倒入热水中，浸泡3分钟后滤出茶汁（图7），加入卡士达酱搅拌均匀（图8）。

5. 先将松饼面糊烤熟1组（3片），取出备用。

6. 再将松饼面糊倒入模具中至八分满，放入步骤4成品（图9），盖上第1组松饼（图10），烤约5分钟即可。

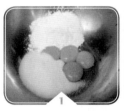
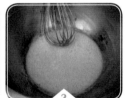
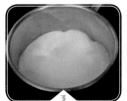

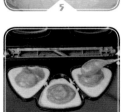

荷兰铜锣烧

材料

- 低筋面粉 200g
- 泡打粉 2g
- 鸡蛋 4 颗
- 糖粉 120g
- 蜂蜜 30g
- 黄油 60g
- 红豆馅 100g

建议煎烤 5 分钟

 做法

1　将鸡蛋与糖粉拌匀（图 1、2）。

2　低筋面粉及泡打粉过筛后加入做法 1（图 3）。

3　黄油熔化后加入做法 2（图 4），最后加入蜂蜜（图 5）。

4　将面糊倒入模具中（图 6），煎至冒泡后翻面（图 7、8），烤至金黄色即可（图 9）。

5　最后夹入红豆馅即可完成（图 10）。

※ 煎铜锣烧时不须扣上盖子。

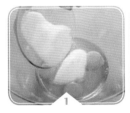

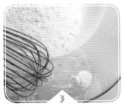
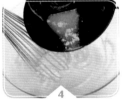
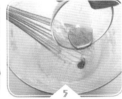

抹茶芋头牛奶烧

 材料

- 松饼面糊 100g
- 抹茶粉 15g
- 芋头泥 20g
- 炼乳 5g

 建议煎烤 10 分钟

 做法

1 将面糊加入抹茶粉拌匀（图1）。

2 再将抹茶面糊倒入模具中约八分满（图2），放入芋头泥（图3），扣上盖子，烘烤10分钟即可（图4）。

软糖 Q 鱼烧

材料

- 小熊软糖 20g
- 松饼面糊 100g

建议煎烤 10 分钟

做法

1. 将松饼面糊调制完成（图1）。

2. 再将松饼面糊倒入鲷鱼模具（或卡通模具等）中（图2），放入小熊软糖（图3），扣上盖子，烤约10分钟即可（图4）。

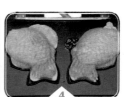

古早味车轮饼

材料

 做法

- 松饼面糊 100g

 卡士达酱

- 蛋黄 125g
- 糖 125g
- 玉米粉 63g
- 牛奶 675g
- 黄油 63g

建议煎烤 3 分钟

1 将蛋黄、糖、玉米粉拌匀备用（图1、2），不可有结粒。

2 牛奶煮滚冲入做法1（图3、4），继续加热至滚，使玉米粉熟化（图5）。

3 加入黄油拌匀待冷备用，即为卡士达酱。

4 将松饼先烤熟1组（3片）取出备用。

5 将面糊倒入模具至八分满（图6），放上卡士达酱（图7），再盖上第1组松饼（图8），烤约3分钟即可。

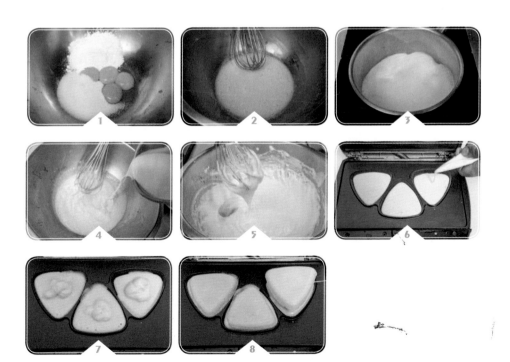

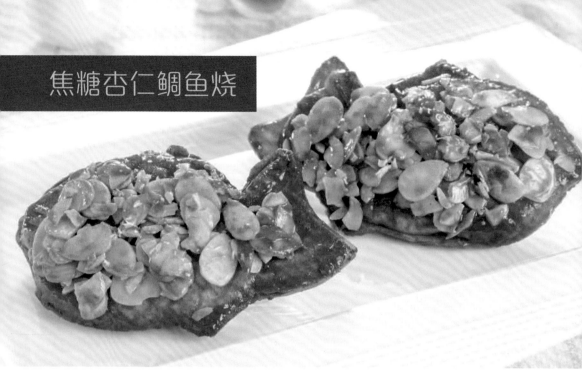

焦糖杏仁鲷鱼烧

材料

- 松饼面糊 100g
- 糖 100g
- 稀奶油 50g
- 黄油 50g
- 杏仁片 100g

装饰
- 开心果碎适量

建议煎烤5分钟

做法

1 糖煮至焦化后（以小火慢煮以免糖苦化）（图1），冲入稀奶油（可先将稀奶油退冰至常温）（图2），再加入黄油拌匀即可（图3）。

2 先将鲷鱼松饼烤熟备用。

3 将焦糖酱加入杏仁片搅拌拌匀（图4）。

4 最后将焦糖杏仁片铺入鲷鱼模具（或卡通模具等）中（图5），放上松饼（图6），扣上盖子，烤约5分钟，洒上开心果碎即可。

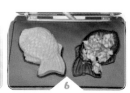

甜甜圈

烘烤芝士洋葱圈

 材料

- 松饼面糊 100g
- 芝士片 1 片
- 火腿 1 片
- 洋葱 20g
- 芝士粉 5g
- 综合生菜 50g

 建议煎烤 5 分钟

 做法

1 洋葱切圈，火腿切丁，芝士切碎备用。

2 将松饼面糊倒入甜甜圈模至八分满。

3 洋葱圈、火腿丁及芝士碎依序加入松饼面糊，并撒上芝士粉。

4 最后再加入松饼面糊至全满，扣上盖子，烘烤 5 分钟至熟，并附上综合生菜即可。

蒜味香肠马铃薯圈

 材料

- 蒜味香肠 2 条
- 马铃薯 2 颗
- 青葱（花）30g
- 蒜头碎 10g
- 蛋黄 1 颗

- 无糖稀奶油 15g
- 黄油 10g
- 面包粉 100g
- 匈牙利红椒粉 5g
- 盐、白胡椒粉共 3g

建议煎烤 5 ~ 6 分钟

 做法

1. 将马铃薯压成泥，加入蛋黄及无糖稀奶油搅拌均匀。

2. 蒜味香肠蒸熟后切碎，加入葱花以黄油炒香。

3. 在马铃薯泥中拌入香肠碎及蒜碎，以盐、胡椒调味，并整形成 30g 的球状，沾上面包粉及匈牙利红椒粉。

4. 放入甜甜圈模具中，扣上盖子，烘烤 5~6 分钟至熟即可。

辣味熏鸡马铃薯圈

 材料

- 熏鸡肉或水煮鸡肉 100g
- 水煮马铃薯 2 颗
- 蒜苗（花）30g
- 玉米粒 30g
- 蛋黄 1 颗
- 无糖稀奶油 15g
- 黄油 10g
- 面包粉 100g
- 粗辣椒粉 5g
- 盐、白胡椒粉共 3g

建议煎烤 5 ~ 6 分钟

 做法

1. 将马铃薯压成泥，加入蛋黄及无糖稀奶油搅拌均匀；熏鸡肉切丁备用。

2. 熏鸡肉、蒜苗及玉米粒以黄油炒香。

3. 将马铃薯泥拌入做法 2，以盐、胡椒及粗辣椒粉调味。

4. 整形成 30g 的球状，沾上面包粉，放入甜甜圈模具中，扣上盖子，烘烤 5~6 分钟至熟即可。

田园蔬菜甜甜圈

 材料

- 松饼面糊 100g
- 绿节瓜丁 30g
- 红甜椒丁 30g
- 芝士丁 2 片
- 彩椒丁 20g
- 黄油 15g

 建议煎烤 5 分钟

 做法

1. 以黄油将绿节瓜及红甜椒炒香备用。

2. 依序将绿节瓜、红甜椒、芝士加入松饼面糊中拌搅均匀。

3. 将田园蔬菜松饼面糊倒入甜甜圈模至全满。

4. 扣上盖子，烘烤 5 分钟，上盘后洒上彩椒丁即可。

杏仁芝士圈

 材料

- 切达（Cheddar）
  芝士丝 60g
- 中筋面粉 20g
- 蛋白 1 颗
- 杏仁碎 30g
- 蔬菜油 15g

 建议煎烤 5～6 分钟

 做法

1 将蛋白打发，加入芝士丝及面粉搅拌均匀。

2 整形成约 30g 的球状，并沾上杏仁碎。

3 放入甜甜圈模具中，扣上盖子，烘烤 5~6 分钟。

4 待杏仁芝士球成金黄色，排盘即可。

转转甜甜圈

 材料

- 松饼面糊 100g
- 白巧克力 100g
- 牛奶巧克力 100g
- 苦甜巧克力 100g
- 天然水果色素粉 5g
- 干燥草莓 20g
- 糖珠 10g

 建议煎烤 5 分钟

 做法

1 烤甜甜圈 6 个约 5 分钟备用。

2 将巧克力隔水融化，再将甜甜圈松饼裹上巧克力；白巧克力可加入天然水果色素粉。

3 挤上巧克力线条。

4 放上干燥草莓或糖珠装饰即可。

收涎* 甜甜圈

 材料

- 松饼面糊 100g
- 白巧克力 100g
- 黑巧克力 100g
- 红色食用色膏适量

糖霜
- 蛋白 20g
- 糖粉 100g

 建议煎烤 5 分钟

 做法

1. 烤甜甜圈 6 个约 5 分钟备用。

2. 将糖粉及蛋白拌匀即成糖霜，作为写字备用。

3. 先将各色巧克力隔水熔化，再将甜甜圈松饼裹上巧克力。白巧克力可取一半加入红色食用色膏调色。

4. 彩绘写上自己喜欢的字即可完成。

编者注：* 收涎指替小孩解决容易流口水的毛病，有祝福孩子快快长大的意义。

棉花糖甜甜圈

 材料

- 松饼面糊 100g
- 棉花糖 20g
- 黑巧克力 20g

 建议煎烤 5 分钟

 做法

1 烤甜甜圈 6 个约 5 分钟备用（图 1）。

2 再一次倒入面糊，放上棉花糖（图 2）。

3 将先烤好的甜甜圈放置棉花糖上（图 3）。

4 最后沾上巧克力即可（图 4）。

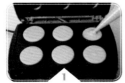

起酥类

三文鱼起酥饼

材料

- 三文鱼丁 150g
- 洋葱末 30g
- 双孢菇片 50g
- 冷冻三色蔬菜丁 60g
- 面粉 10g
- 黄油 10g
- 鸡高汤 200g
- 牛奶 50g
- 芝士粉 5g
- 起酥面皮 4 片

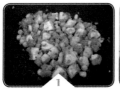

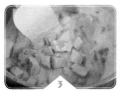
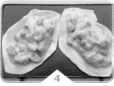

做法

1 三文鱼烫熟；洋葱、三色蔬菜丁及双孢菇炒香备用（图1）。

2 将黄油及面粉炒成面糊，再入鸡高汤及牛奶，搅拌至无颗粒成黄油状（图2）。

3 加入加工过的三文鱼丁、三色蔬菜丁及双孢菇，即为芝士菇鱼酱（图3）。

4 最后将起酥面皮放入模具中，放上芝士菇鱼酱（八分满）（图4），并刷上蛋液，再盖上另一片起酥面皮，扣上盖子，烘烤6~7分钟至熟，排盘。

建议煎烤6 ~ 7分钟

猪肉起酥咖喱饺

 材料

- 猪绞肉 150g
- 咖喱粉 30g
- 起酥皮 4 片
- 黄油 10g
- 洋葱碎 150g
- 匈牙利红椒粉 5g
- 青葱（花）50g
- 酱油 5g
- 糖 5g
- 盐 3g
- 白胡椒粉 3g
- 黑芝麻 2g
- 蛋黄水（1 颗蛋黄及 1 小匙水）

建议煎烤 6 ~ 7 分钟

 做法

1　以黄油将洋葱炒香后，加入猪绞肉拌匀，再加入咖喱粉、匈牙利红椒粉、酱油、糖、盐及胡椒粉调味，续入葱花拌炒均匀，即为猪肉咖喱馅。

2　将猪肉咖喱馅放入正方起酥皮，周围涂上蛋黄水，对折成三角形并整形，撒上黑芝麻。

3　放入三角模具中，刷上蛋黄水，扣上盖子，煎烤6~7分钟至金黄上色。

蜜汁叉烧起酥饺

 材料

- 叉烧肉（丁）100g
- 起酥面皮 4 片
- 洋葱丁 80g
- 鸡高汤 60g
- 玉米粉 10g
- 糖 20g
- 盐 2g
- 酱油 3g
- 黄油 5g
- 白芝麻 2g
- 蛋黄水（1 颗蛋黄及 1 小匙水）

 建议煎烤 6 ~ 7 分钟

 做法

1. 将鸡高汤及玉米粉拌均匀备用。

2. 将叉烧肉与洋葱以黄油炒香，加入糖、盐及酱油调味，再拌入做法 1 的玉米粉高汤，煮至汤汁浓稠即为叉烧馅。

3. 将叉烧馅放入正方起酥皮，周围涂上蛋黄水，对折成三角形并整形，撒上白芝麻。

4. 刷上蛋黄水，放入三角形模具中，扣上盖子，煎烤 6~7 分钟至金黄上色。

千层草莓起酥派

材料

- 起酥皮 3 张
- 新鲜草莓 10 颗

 卡士达酱

- 蛋黄 125g • 糖 125g • 玉米粉 63g
- 牛奶 625g • 黄油 63g • 稀奶油 400g

建议煎烤 7 分钟

 做法

1. 使用帕尼尼模（或平盘与蛋卷模的组合等）分三次将酥皮烤熟（图1），烤1片约7分钟，再洒上糖粉备用（图2）。

2. 制作卡士达酱：将蛋黄、糖、玉米粉拌匀备用（图3、4），不可有结粒。

3. 牛奶煮滚，冲入做法2成品（图5），继续加热至滚熟，使玉米粉熟化（图6），再加入黄油拌匀（图7），待冷备用。

4. 将稀奶油打发（图8），再与做法3成品拌匀（图9），即为卡士达酱。

5. 组装：先将一片起酥挤上一层的卡士达酱（图10），放上新鲜的草莓，叠上第2片起酥（图11），再次填馅及放入草莓，最后盖上起酥片，间隔洒上糖粉即可完成（图12）。

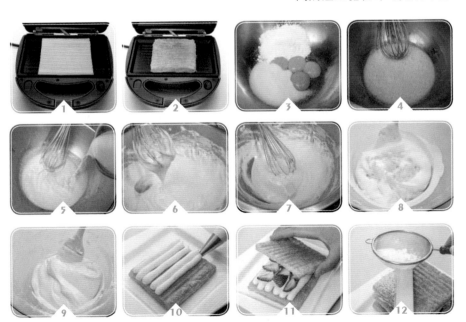

酥皮花生麻糬

 材料

- 起酥皮 2 片
- 花生粉 30g
- 黑糖麻糬 4 个

 做法

1. 将酥皮擀薄后放入模具中（图 1）。

2. 接着放入花生粉及麻糬（图 2、3）。

3. 将填好馅的酥皮对折成三角形（图 4），扣上盖子，烤约 10 分钟至金黄色即可（图 5）。

 建议煎烤 10 分钟

古早味酥皮芝麻麻糬

 材料

• 起酥皮 2 片
• 芝麻酱 30g
• 黑糖麻糬 4 个

建议煎烤 10 分钟

 做法

1. 将酥皮擀薄后放入模具中（图1）。

2. 接着放入芝麻酱及麻糬（图2、3）。

3. 将填好馅的酥皮对折三角，扣上盖子，烤约 10 分钟至金黄色即可（图4）。

香蕉起酥千层

材料

- 起酥皮 3 张
- 新鲜香蕉 2 条
- 肉桂粉 2g
- 糖适量

 卡士达酱

- 蛋黄 125g • 糖 125g • 玉米粉 63g
- 牛奶 625g • 黄油 63g • 稀奶油 400g

 建议煎烤 7 分钟

 做法

1　使用帕尼尼模（或平盘与蛋卷模的组合等）分三次将酥皮烤熟，1 片烤约 7 分钟，洒上糖粉备用（图 1）。

2　将蛋黄、糖、玉米粉拌匀备用（图 2、3），不可有结粒。

3　牛奶煮滚冲入做法 2（图 4），继续加热至滚熟，使玉米粉熟化（图 5）。

4　加入黄油拌匀（图 6），待冷备用。

5　将稀奶油打发（图 7），与做法 4 拌匀即为卡士达酱（图 8）。

6　将香蕉切片（图 9），洒上肉桂粉及糖（图 10），并使用喷火枪烧烤备用（图 11）。

7　组装：先将一片起酥填上一层的卡士达酱，放上新鲜的香蕉（图 12），再叠上第 2 片起酥，再次填馅及放入香蕉，最后盖上起酥片，间隔洒上糖粉，再以卡士达酱和香蕉装饰。

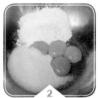

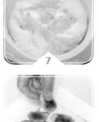

慕斯

意式提拉米酥

材料

- 松饼面糊 100g
- 马斯卡彭芝士 500g
- 动物性稀奶油 500g
- 糖 200g
- 蛋黄 6 个
- 吉利丁 6 片
- 巧克力饼干 1 条
- 防潮可可粉 30g

 建议煎烤 5 分钟

 做法

1 将松饼面糊倒入松饼机烤帕尼尼备用（图 1、2）。

2 蛋黄加糖隔水加热至 80℃后（图 3），加吉利丁及马斯卡彭芝士（图 4、5），冷却后拌入动物性稀奶油（图 6、7），即制成慕斯。

3 组装：帕尼尼为底铺上一层慕斯（图 8），洒上巧克力饼干碎屑（图 9），再铺上一层慕斯，放置冰箱 1 小时后，洒上可可粉即可（图 10）。

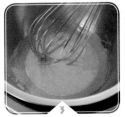
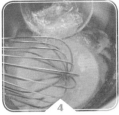
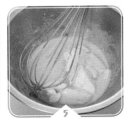

黑眼豆豆慕斯

材料

 做法

- 松饼面糊 100g
- 鲜奶 100g
- 糖 10g
- 蛋黄 20g
- 吉利丁 4 片
- 动物性稀奶油 200g

装饰
- 苦甜巧克力豆 200g
- 新鲜草莓适量
- 糖粉适量

1　烤甜甜圈 6 个约 5 分钟备用（图 1）。

2　蛋黄、糖隔水加热至 80℃杀菌（图 2），加入煮沸的牛奶拌匀后，续入吉利丁（图 3），再加入巧克力拌匀（图 4），冷却备用。

3　将打发动物性稀奶油加入做法 2 中拌匀（图 5），放置冰箱 30 分钟稠化备用。

4　组装：将巧克力慕斯用 8 齿花嘴挤于甜甜圈上（图 6）。

5　放上新鲜草莓丁、巧克力豆，洒上糖粉即可完成（图 7）。

 建议煎烤 5 分钟

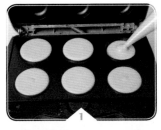

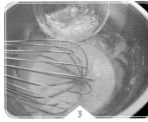

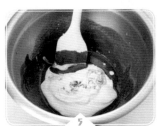

香蕉提拉米苏

材料

- 松饼面糊 100g
- 香蕉 2 条
- 肉桂粉少许
- 糖 20g
- 巧克力饼干 1 条
- 防潮可可粉 30g

慕斯部分

- 吉利丁 6 片 • 马斯卡彭芝士 500g
- 动物性稀奶油 500g • 蛋黄 6 个 • 糖 200g

建议煎烤 5 分钟

 做法

1 烤帕尼尼备用（图 1）。

2 将香蕉切片，洒上肉桂粉及糖（图 2），并使用喷火枪烧烤备用（图 3）。

3 蛋黄加糖隔水加热至80℃后（图 4），加吉利丁、马斯卡彭芝士（图 5、6），冷却后拌入动物性稀奶油（图 7、8），即做成慕斯。

4 组装：帕尼尼为底（图 9），将烤好的香蕉铺上（图 10），再倒入一层慕斯（图 11），放置冰箱 1 小时后，洒上巧克力饼干碎屑装饰即可（图 12）。

白巧克力恋曲

材料

- 松饼面糊 100g
- 鲜奶 100g
- 糖 10g
- 蛋黄 20g
- 吉利丁 4 片
- 白巧克力 200g
- 动物性稀奶油 200g
- 新鲜草莓 3 粒

装饰
- 开心果碎适量
- 榛果碎适量
- 干燥草莓适量
- 新鲜蔓越莓适量

 建议煎烤 5 分钟

 做法

1　烤甜甜圈 6 个约 5 分钟备用（图 1）。

2　蛋黄、糖隔水加热至 80℃杀菌（图 2），加入煮沸的牛奶拌匀后，续入吉利丁（图 3），再加入白巧克力碎屑拌匀（图 4），冷却备用。

3　打发动物性稀奶油加入做法 2 拌匀，放置冰箱 30 分钟稠化备用，即做成巧克力慕斯。

4　组装：将巧克力慕斯用 8 齿花嘴挤于甜甜圈上（图 5）。

5　放上新鲜草莓丁，装饰即可完成。

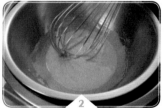

奶油莓果水果卷

材料

- 松饼面糊 100g
- 奇异果 1 个
- 草莓 1 粒
- 蔓越莓 10 粒
- 植物性稀奶油 50g

 莓果冻部分

- 覆盆子果泥 50g
- 糖 10g
- 吉利丁片 1 片

建议煎烤 5 分钟

 做法

1. 将面糊倒入松饼机烤帕尼尼松饼（图1），放凉约 5 分钟。将松饼裁至所需要的大小 15 厘米 x7 厘米（图2），及 2 片直径 5 厘米的圆形松饼备用。

2. 将帕尼尼松饼放入模型中，底层铺入 1 片圆形松饼（图 3），挤入稀奶油，放上水果丁（图 4），再放一片圆形松饼，再放入稀奶油与水果丁（图 5），抹平放入冷冻室备用，冰约 30 分钟。

3. 将莓果冻材料混合加热成液态，注入卷中，并放入草莓、蔓越莓装饰即可（图 7）。

材料

- 糖粉 200g
- 鸡蛋 3 个
- 牛奶 50g
- 低筋面粉 200g
- 泡打粉 6g
- 香草精少许
- 黄油 200g

 建议煎烤 6 分钟

 备注： 此配方利用不同模具亦可变化出不同的造型。

 做法

1　将蛋加入糖粉拌匀（图 1），续入牛奶（图 2），将过筛的低筋面粉及泡打粉加入拌匀备用（图 3、4）。

2　黄油煮至熔化后（图 5），放冷备用，再加入做法 1 拌匀（图 6），最后加入香草精即为面糊（图 7），需静置约 20 分钟。

3　倒入面糊（图 8），扣上盖子，烘烤 6 分钟即可完成（图 9）。

伯爵茶蛋糕

材料

- 黄油 90g
- 糖粉 70g
- 鸡蛋 70g
- 泡打粉 2g
- 盐 1g
- 动物性稀奶油
- 30g
- 低筋面粉 90g
- 伯爵红茶粉 6g
- 水果干 40g

 建议煎烤6分钟

 做法

1 将黄油加入糖粉及盐拌匀（图1），打发至绒毛状（图2）。

2 分次加入蛋至完全打发（图3、4）。

3 将低筋面粉、泡打粉过筛及茶粉一起加入做法2（图5）。

4 续入动物性稀奶油拌匀（图6），最后加入水果干一起拌匀即可（图7）。

5 挤入模具中（图8），烤约6分钟即可（图9）。

软糖Q鱼烧

材料

- 小熊软糖 20g
- 松饼面糊 100g

建议煎烤5分钟

做法

1 将松饼面糊调制完成（图1）。

2 再将松饼面糊倒入鲷鱼模具（或卡通模具等）中（图2），放入小熊软糖（图3），扣上盖子，烤约10分钟即可（图4）。

综合水果奶油卷

 材料

- 松饼面糊 100g
- 奇异果 1 个
- 草莓 5 粒
- 水蜜桃 1 片
- 香蕉半根
- 已打发奶油 50g

 建议煎烤 10 分钟

 做法

1. 将松饼面糊倒入松饼机烤帕尼尼松饼，放凉约 5 分钟。

2. 先在帕尼尼松饼上抹薄薄的已打发奶油。

3. 再将水果切丁铺上，以瑞士卷的方式卷起。

4. 放置冰箱约 20 分钟，稍微固定后切片，每片约 3 厘米。

5. 蛋糕上挤上已打发奶油，放上水果装饰即可。

法式桔子蛋糕

材料

- 黄油 90g
- 糖粉 70g
- 盐 1g
- 鸡蛋 70g
- 低筋面粉 90g
- 泡打粉 2g
- 动物性稀奶油 30g
- 水果干 40g
- 耐烤巧克力 20g

装饰
- 桔条适量
- 干燥草莓适量
- 奇异果适量
- 蔓越莓适量
- 草莓洋梨适量
- 水蜜桃适量

 建议煎烤 6 分钟

 做法

1　黄油加糖粉、盐拌匀（图1），打发至绒毛状（图2）。

2　分次加入蛋至完全打发（图3、4）。

3　将过筛的低筋面粉、泡打粉加入做法2。

4　再加入动物性稀奶油拌匀，最后放入水果干一起拌匀（图5）。

5　放入模具中（图6），烤约6分钟，装饰即可。

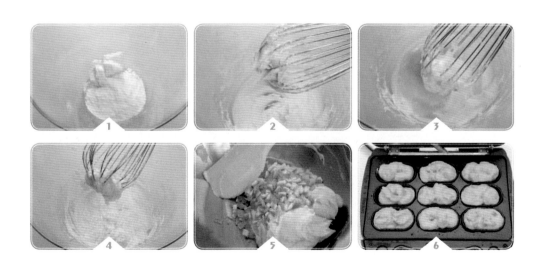

抹茶玛德莲鸡蛋糕

材料

- 糖 170g
- 鸡蛋 5 个
- 牛奶 50g
- 低筋面粉 215g
- 泡打粉 7.5g

- 蜂蜜 40g
- 黄油 250g
- 抹茶粉 15g
- 香草精少许

建议煎烤 6 分钟

 做法

1. 将蛋加入糖、牛奶拌匀（图 1），将低筋面粉、抹茶粉及泡打粉过筛加入拌匀备用（图 2）。

2. 黄油煮至熔化后（图 3、4），放冷备用；再加入做法 1 拌匀，续入香草精即可，需静置约 20 分钟。

3. 将面糊倒入模具中（图 5），扣上盖子，烘烤 6 分钟即可完成。

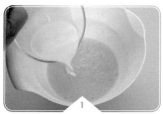

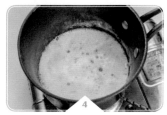

荷兰焦糖肉桂黄油糕饼

- 低筋面粉 200g
- 泡打粉 2g
- 鸡蛋 4 颗
- 糖粉 120g
- 蜂蜜 30g
- 黄油 60g
- 肉桂粉少许

奶油馅
- 黄油 100g
- 糖粉 100g

焦糖酱
- 糖 50g
- 稀奶油 25g
- 黄油 25g

建议煎烤 5 分钟

 做法

1 将鸡蛋与糖粉拌匀（图1、2）。

2 加入过筛的低筋面粉及泡打粉（图3）。

3 黄油熔化后加入做法2（图4、5），最后加入蜂蜜（图6）。

4 将面糊倒入模具中（图7），煎至冒泡后翻面（图8、9），烤至金黄色即可（图10）。

5 奶油馅：黄油与糖粉一起打发至乳白色，再加入肉桂粉拌匀即可。

6 焦糖酱：糖煮至焦化后（以小火慢煮以免糖苦化），冲入稀奶油（可先将稀奶油退冰至常温），再加入黄油拌匀即可。

7 将焦糖与黄油馅搅拌均匀（图11）。

8 最后将做法7挤于松饼上（图12），撒上肉桂粉装饰即可。

※ 煎烤面糊时不需扣上盖子。

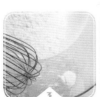

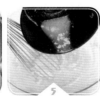

饼干

紫甘薯薄片饼干

材料

- 紫地瓜粉 50g
- 低筋面粉 420g
- 黄油 260g
- 鸡蛋 1 颗
- 糖粉 140g
- 碎夏威夷果 80g
- 燕麦 20g

 建议煎烤 6 ~ 7 分钟

 做法

1　将低筋面粉过筛（图1），夏威夷果烤熟切小碎（图2）。

2　将黄油打软后，加入糖粉搅拌均匀（图3）。

3　接着将蛋分2次加入（图4），再加入低筋面粉搅拌均匀（图5）。

4　再加入紫地瓜粉搅拌均匀（图6）。（如果不够均匀，可于桌面以手压的方式压均匀。）

5　最后加入碎夏威夷果及燕麦拌匀即可（图7）。

6　将拌完的饼干面团冰入冷藏2小时后取出（图8），再将饼干擀平，压入模具中（图9），烘烤6~7分钟，出炉放凉即可（图10）。

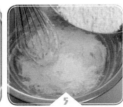

黄金南瓜薄片饼干

材料

- 南瓜粉 50g
- 高筋面粉 225g
- 低筋面粉 225g
- 杏仁粉 45g
- 黄油 345g
- 鸡蛋 75g
- 糖粉 300g

建议煎烤 6 ~ 7 分钟

 做法

1 将高筋面粉、低筋面粉过筛（图1）。

2 将黄油打软，加入糖粉搅拌均匀（图2）。

3 将蛋分2次加入（图3），再加入高筋面粉、低筋面粉搅拌均匀（图4），接着加入南瓜粉拌匀（图5）。

4 将拌完的饼干面团冰入冷藏（图6），等面团微硬时，再将饼干面团擀平（图7）。

5 放入模具中（图8），烘烤6分钟，出炉放凉即可（图9）。

脆笛酥

材料

- 糖粉 65g
- 黄油 90g
- 蛋白 80g
- 炼乳 10g
- 低筋面粉 80g
- 榛果粉 50g

奶油馅
- 黄油 100g
- 糖粉 100g
- 浓缩咖啡液 5g

 建议煎烤 5 分钟

 做法

1 将糖粉及黄油打软拌匀（图 1）。

2 分次加入蛋白（图 2），拌至均匀后加入炼乳（图 3）。

3 加入低筋面粉及榛果粉拌匀即可（图 4）。

4 放入模具中（图 5），煎熟 5 分钟后，卷成长条备用（图 6、7）。

5 奶油馅：黄油加入糖粉一起打发至乳白色（图 8），拌入咖啡液（图 9）。

6 向长条卷中填入奶油馅即可（图 10）。

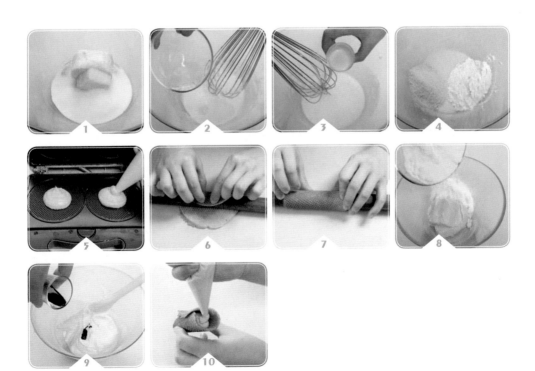

爆浆脆迪卷

材料

- 糖粉 65g
- 黄油 90g
- 蛋白 80g
- 炼乳 10g
- 低筋面粉 80g
- 榛果粉 50g
- 草莓酱 50g

馅料
- 黄油 100g
- 糖粉 100g
- 咖啡液 10g

 建议煎烤3分钟

 做法

1 将糖粉及黄油打软拌匀（图1）。

2 分次加入蛋白拌至均匀后（图2），加入炼乳（图3）。

3 再加入低筋面粉及榛果粉（图4）。

4 挤入模具中（图5），煎熟4分钟后，卷成长条备用（图6、7）。

5 黄油馅：黄油与糖粉一起打发至乳白色（图8），拌入咖啡液（图9）。

6 向长条卷中填入黄油馅及草莓酱即可（图10）。

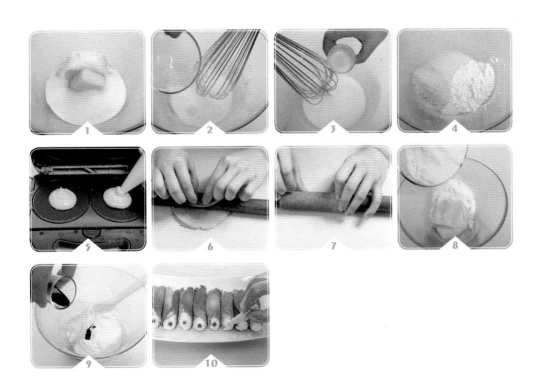

彩绘饼干

 材料

饼干面团
- 黄油 50g
- 糖粉 40g
- 蛋 20g
- 低筋面粉 100g

糖霜
- 糖粉 100g
- 蛋白 30g
- 色素适量

 建议煎烤 12 分钟

 做法

1 将黄油与糖粉拌匀。

2 加入蛋及面粉拌匀，不可拌过头，避免出筋。

3 压圆放入模具中，烤约 12 分钟。

4 糖粉及蛋白拌匀，依个人喜好加入色素调色，彩绘装饰即可完成。

塔类

古典巧克力三角

 材料

 做法

甜派皮
- 无盐黄油 50g
- 糖粉 50g
- 蛋黄 1 个
- 低筋面粉 100g

巧克力馅
- 动物性稀奶油 50g
- 巧克力 50g
- 黄油 10g

1 将黄油加糖粉拌匀，再加入蛋黄拌匀，最后拌入低筋面粉。

2 松弛 20 分钟。

3 将派皮擀平，放入模具中，再去除余皮，烘烤约 5 分钟后，翻面再烤约 2 分钟至金黄色即可。

4 盛盘，挤上巧克力馅即可。

 建议煎烤 7 分钟

芝士蓝莓塔

材料

- 蓝莓 90g

甜派皮
（见159页）

奶油奶酪慕斯
- 奶油奶酪 150g
- 糖 9g
- 水 30g
- 芒果泥 50g
- 蛋黄 70g
- 吉利丁 4g
- 动物性稀奶油 187g

做法

1 蓝莓洗净备用，烤三角塔皮备用。

2 蛋黄加入糖隔水加热约80℃杀菌，加入芒果泥及奶油奶酪，拌匀后加入吉利丁，等冷却后加入动物性稀奶油拌匀即成慕斯。

3 将慕斯材料挤在三角派皮上，放上蓝莓即可完成。

※ 甜派皮制作请参照第159页"古典巧克力三角"的做法1~3。

建议煎烤7分钟

白色恋人

 材料

甜派皮
- 无盐黄油 50g
- 糖粉 50g
- 蛋黄 1 个
- 低筋面粉 100g

巧克力馅
- 动物性稀奶油 50g
- 白巧克力 50g
- 黄油 10g

装饰
- 干燥草莓 5g
- 糖珠适量

 做法

1. 将黄油加糖粉拌匀，加入蛋黄拌匀，最后低筋面粉拌入，松弛 20 分钟，即为甜派皮。

2. 派皮擀平，放入模具中，去除余皮，烘烤约 5 分钟，翻面再约烤 2 分钟，烤至金黄色即可。

3. 挤上巧克力馅，洒上干燥草莓装饰即可。

 建议煎烤 7 分钟

草莓幸福恋人

材料

- 松饼面糊 100g
- 新鲜草莓 8 个
- 已打发奶油 80g

装饰
- 草莓酱 30g
- 干燥草莓适量
- 果胶适量
- 蓝莓适量
- 糖珠适量

 建议煎烤 5 分钟

做法

1 烤 2 片格子松饼约 5 分钟备用（图 1）。

2 组装：先挤上已打发奶油（图 2），将草莓堆叠成金字塔形（图 3、4），装饰即可。

莓果芝士塔

 材料

甜派皮
- 无盐黄油 50g
- 糖粉 50g
- 蛋黄 1 个
- 低筋面粉 100g

奶油奶酪慕斯
- 奶油奶酪 100g
- 糖粉 6g
- 水 20g
- 糖 56g
- 蛋黄 46g
- 吉利丁 3g
- 动物性稀奶油 133g
- 蔓越莓 90g

 做法

1 烤三角派皮备用。

2 蛋黄加入糖水隔水加热至80℃杀菌，加入奶油奶酪拌匀后，再加入吉利丁，等冷却后加入动物性稀奶油拌匀即成慕斯。

3 蔓越莓洗净备用。

4 挤一层慕斯于派皮上，放上蔓越莓装饰即可。

 建议煎烤7分钟

材料

 做法

甜派皮

- 无盐黄油 50g
- 糖粉 50g
- 蛋黄 1 个
- 低筋面粉 100g

 柠檬卡士达

- 蛋黄 125g
- 糖 125g
- 玉米粉 63g
- 牛奶 625g
- 黄油 63g
- 柠檬汁 40g
- 白巧克力 20g
- 柠檬皮 10g

 建议煎烤 3 分钟

1　将蛋黄、糖、玉米粉拌匀（图1、2），不可有结粒。

2　牛奶煮滚冲入做法2（图3），继续加热至滚熟，使玉米粉熟化（图4）。

3　再加入黄油拌匀（图5），最后加入柠檬汁即为柠檬卡士达（图6）。

4　甜派皮糊：奶油加糖粉拌匀（图7），再加入蛋黄拌匀（图8），最后加入低筋面粉拌匀即可，勿拌过头，避免出筋。

5　将甜派皮糊挤入模具中烤熟备用（图9、10）。

6　将派皮抹上一层白巧克力（图11）。

7　柠檬卡士达再放于三角塔皮上（图12），装饰即可。

材料

 做法

甜派皮
- 无盐黄油 50g
- 糖粉 50g
- 蛋黄 1 个
- 低筋面粉 100g

果粒焦糖酱
- 糖 100g
- 稀奶油 50g
- 黄油 50g
- 榛果 100g
- 蔓越莓 15g
- 开心果 15g

1 焦糖酱：糖煮至焦化后（以小火慢煮以免糖苦化）（图1），冲入稀奶油（可先将稀奶油退冰至常温）（图2），再加入黄油拌匀即可（图3）。

2 榛果、蔓越莓、开心果拌入焦糖酱（图4）。

3 甜派皮：黄油与糖粉拌匀（图5），再加入蛋黄拌匀（图6），最后加入低筋面粉拌匀，烤好备用。

4 将做法2的酱铺在派皮上即可（图7）。

 建议煎烤5分钟

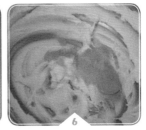

著作权合同登记号：图字132017030

本中文简体版图书通过成都天鸢文化传播有限公司代理，经台湾上
优文化事业有限公司授权福建科学技术出版社于中国大陆地区独家
出版发行，非经书面同意，不得以任何形式，任意重制转载。
本著作限于中国大陆地区发行。

图书在版编目（CIP）数据

松饼机的百变料理/周景尧，郭品岑著.—福州：
福建科学技术出版社，2018.10
ISBN 978-7-5335-5578-8

Ⅰ.①松… Ⅱ.①周… ②郭… Ⅲ.①西点－制作
Ⅳ.①TS213.2

中国版本图书馆CIP数据核字（2018）第044660号

书　　名	**松饼机的百变料理**	
著　　者	周景尧　郭品岑	
出版发行	福建科学技术出版社	
社　　址	福州市东水路76号（邮编350001）	
网　　址	www.fjstp.com	
经　　销	福建新华发行（集团）有限责任公司	
印　　刷	福建彩色印刷有限公司	
开　　本	700毫米×1000毫米　1/16	
印　　张	10.5	
图　　文	168码	
版　　次	2018年10月第1版	
印　　次	2018年10月第1次印刷	
书　　号	ISBN 978-7-5335-5578-8	
定　　价	43.00元	

书中如有印装质量问题，可直接向本社调换